高含硫气田职工培训教材

高含硫气田抢险器材操作与应用

王庆银　宋革生　编著

中国石化出版社

内容提要

本书详细介绍了63种抢险救援器材包括消防供水、供气、侦检、破拆、搜救、安全防护、低压堵漏等的主要特点、基本工作参数、操作前检查事项、操作程序、注意事项等。本书适合高含硫油气田及其他石油石化企业应急救援人员阅读。

图书在版编目（CIP）数据

高含硫气田抢险器材操作与应用/王庆银，宋革生编著.
—北京：中国石化出版社，2014.6
高含硫气田职工培训教材
ISBN 978-7-5114-2832-5

Ⅰ.①高… Ⅱ.①王… ②宋… Ⅲ.①高含硫原油-气田-安全设备-技术培训-教材 Ⅳ.①TE38

中国版本图书馆CIP数据核字（2014）第098448号

中国石化出版社出版发行
地址:北京市东城区安定门外大街58号
邮编:100011 电话:(010)84271850
读者服务部电话:(010)84289974
http://www.sinopec-press.com
E-mail:press@sinopec.com
北京科信印刷有限公司印刷
全国各地新华书店经销
*
787×1092毫米 16开本 11.5印张 172千字
2014年7月第1版 2014年7月第1次印刷
定价:48.00元

高含硫气田职工培训教材

序

2003年，中国石化在四川东北地区发现了迄今为止我国规模最大、丰度最高的特大型整装海相高含硫气田——普光气田。中原油田根据中国石化党组安排，毅然承担起了普光气田开发建设重任，抽调优秀技术管理人员，组织展开了进入新世纪后我国陆上油气田开发建设最大规模的一次“集团军会战”，建成了国内首座百亿立方米级的高含硫气田，并实现了安全平稳运行和科学高效开发。

普光气田主要包括普光主体、大湾区块（大湾气藏、毛坝气藏）、清溪场区块和双庙区块等，位于四川省宣汉县境内，具有高含硫化氢、高压、高产、埋藏深等特点。国内没有同类气田成功开发的经验可供借鉴，开发普光气田面临的是世界级难题，主要表现在三个方面：一是超深高含硫气田储层特征及渗流规律复杂，必须攻克少井高产高效开发的技术难题；二是高含硫化氢天然气腐蚀性极强，普通钢材几小时就会发生应力腐蚀开裂，必须攻克腐蚀防护技术难题；三是硫化氢浓度达1000ppm（$1ppm = 1 \times 10^{-6}$）就会致人瞬间死亡，普光气田高达150000ppm，必须攻克高含硫气田安全控制难题。

经过近七年艰苦卓绝的探索实践，普光气田开发建设取得了重大突破，攻克了新中国成立以来几代石油人努力探索的高含硫气田安全高效开发技术，实现了普光气田的安全高效开发，创新形成了“特大型超深高含硫气田安全高效开发技术”成果，并在普光气田实现了工业化应用，成为我国天然气工业的一大创举，使我国成为世界上少数几个掌握开发特大型超深高含硫气田核心技术的国家，对国家天然气发展战略产生了重要影响。形成的理论、技术、标准对推动我国乃至世界天然气工业的发展作出了重要贡献。作为普光气田开发建设的实践者，感到由衷的自豪和骄傲。

在普光气田开发实践中，中原油田普光分公司在高含硫气田开发、生产、集输以及HSE管理等方面取得了宝贵的经验，也建立了一系列的生产、技术、操作标准及规范。为了提高开发建设人员技术素质，2007年组织开发系统技术人员编制了高含硫气田职工培训实用教材。根据不断取得的新认识、新经验，先后于2009年、2010年组织进行了修订，在职工培训中发挥了重要作用；2012年组织进行了全面修订完善，形成了系列《高含硫气田职工培训教材》。这套教材是几年来普光气田开发、建设、攻关、探索、实践的总结，是广大技术工作者集体智慧的结晶，具有很强的实践性、实用性和一定的理论性、思想性。该教材的编著和出版，填补了国内高含硫气田职工培训教材的空白，对提高员工理论素养、知识水平和业务能力，进而保障、指导高含硫气田安全高效开发具有重要的意义。

随着气田开发的不断推进、深入，新的技术问题还会不断出现，高含硫气田开发和安全生产运行技术还需要不断完善、丰富，广大技术人员要紧密结合高含硫气田开发的新变化、新进展、新情况，不断探索新规律，不断解决新问题，不断积累新经验，进一步完善教材，丰富内涵，为提升职工整体素质奠定基础，为实现普光气田“安、稳、长、满、优”开发，中原油田持续有效和谐发展，中国石化打造上游“长板”作出新的、更大的贡献。

2013年3月30日

前　　言

普光气田是我国已发现的最大规模海相整装气田，具有储量丰度高、气藏压力高、硫化氢含量高、气藏埋藏深等特点。普光气田的开发建设，国内外没有现成的理论基础、工程技术、配套装备、施工经验等可供借鉴。决定了普光气田的安全优质开发面临一系列世界级难题。中原油田普光分公司作为直接管理者和操作者，克服困难、积极进取，消化吸收了国内外先进技术和科研成果，在普光气田开发建设、生产运营中不断总结，逐步积累了一套较为成熟的高含硫气田开发运营与安全管理的经验。为了固化、传承、推广好做法，夯实安全培训管理基础，填补高含硫气田开发运营和安全管理领域培训教材的空白，根据气田生产开发实际，组织技术人员，以建立中国石化高含硫气田安全培训规范教材为目标，在已有自编教材的基础上，编著、修订了《高含硫气田职工培训教材》系列丛书。该丛书包括《高含硫气田安全工程》《高含硫气田采气集输》《高含硫气田净化回收》《高含硫气田应急救援》，总编陈惟国。其中，《高含硫气田应急救援》培训教材又包含《高含硫气田救援设备使用维护与保养》《高含硫气田抢险器材操作与应用》《高含硫气田环境监测》《高含硫气田医疗救护》4 本，每本教材单独成册。

《高含硫气田抢险器材操作与应用》为《高含硫气田应急救援》培训教材中的一本，理论基础与操作技能并重，内容与国标、行标、企标的要求一致，贴近现场操作规范，具有较强的适应性、先进性和规范性，可以作为高含硫气田职工器材操作培训使用，也可以为高含硫气田抢险器材的应用研究、教学、科研提供参考。本册教材主编王庆银、宋革生，副主编宋先勇、张克勤、程自伟。内容共分 6 章，涵盖了高含硫气田救援需要在现场掌握的专业基础知识和操作规程，第1章由景新选、黄伟、邵志勇、苑建编写；第2章由王浩、宋先勇、王贺江、陈飞编写；第3章由李海涛、原华成、尹学涛、杨菁、张剑锋编写；第4章由宋革生、褚文营、马建平、郭庆编写；第5章由邹东福、李升龙、张克勤、乔飞、张勇编写；第6章由杨浩、马广利、黄利华、孙文华、朱彬编写。参与编写人员还有李东、杨松、李思党等。本册教材由宋革生统稿。

在本教材编著过程中，各级领导给予了高度重视和大力支持，朱德华、杨发平、刘地渊、熊良淦、张庆生、姜贻伟、陶祖强对教材进行了审定，普光分公司多位管理专家、技术骨干、技能操作能手为教材的编审修订贡献了智慧，付出了辛勤的劳动，编审工作还得到了中原油田培训中心的大力支持，中国石化出版社对教材的编审和出版工作给予了热情帮助，在此一并表示感谢！

高含硫气田开发生产尚处于起步阶段，安全管理经验方面还需要不断积累完善，恳请在使用过程中多提宝贵意见，为进一步完善、修订教材提供借鉴。

目 录

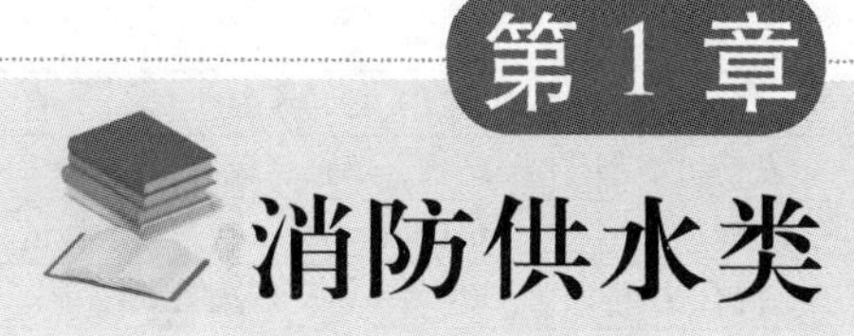

第1章 消防供水类

1.1 东发牌 VC20 型消防泵

东发牌 VC20 泵，如图 1－1 所示。

产地：日本。

图 1－1 东发牌 VC20 型消防泵

1.1.1 产品主要特点

体积小，适用于不便利的山地供水，便于操作，利用河流、水塘等天然水源进行供水，为抢险救援现场提供供水保障。

1.1.2 主要参数（表 1－1）

表 1－1 东发牌 VC20 型消防泵主要参数表

产品型号	V20D2EXJIS	水泵类型	真空泵	碳纤维活片无油式	最大吸程约 9m	
抽真空时间	1m（0.7s）	吸、出水口尺寸	65mm	吸水 3m 流量	压力在 0.5MPa	527L/min
	7m（11.5s）		65mm		压力在 0.8MPa	250L/min

续表

产品类型	V20D2EXJIS	水泵类型	真空泵	碳纤维活片无油式	最大吸程约9m
发动机类型	立式、单缸、风冷、二冲程	输出功率	最大15PS=12kW		
转　速	6.000r/min	油箱容量	3.5L（标准耗油量每小时约3.5L）		
混合比例	30：1	点火方式	飞轮永磁电机（C. D. I.）		
起动系统	绳拉式	尺寸（长×宽×高）	555mm×470mm×532mm		
重　量	36kg	照明投影	12V、35W	蓄电池	12V，16Ah/5h

1.1.3　操作前检查（图1-2）

（1）把泵放在接近水源平坦的地方，吸水管一头与泵连接，另一头放在水中；

（2）周围不能有可燃物；

（3）加汽油时必须是（二冲程机油和汽油）混合添加；

（4）检查调速器油时必须是在上刻度和下刻度之间（二冲程机油）。

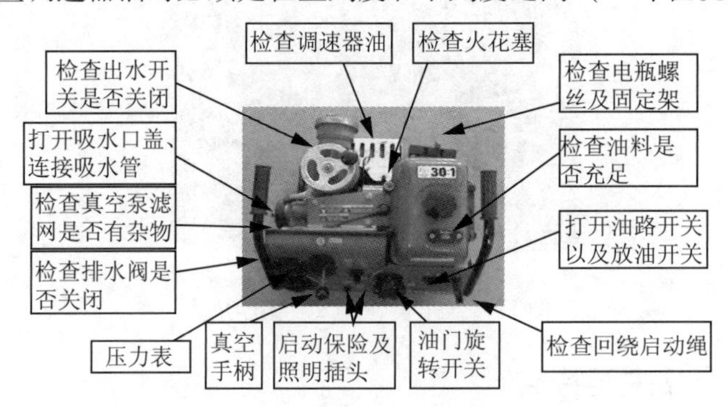

图1-2　东发牌VC20泵结构示意图

1.1.4　发动机启动（图1-3）

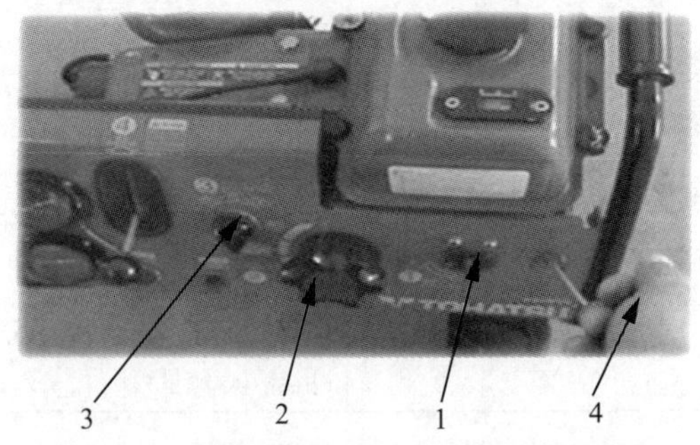

图1-3　东发牌VC20泵发动机结构示意图

（1）首先打开油路开关，再拉开放油开关，让油流出即可；

（2）旋转油门至吸水位置；

（3）打开启动开关至启动位置、然后向右旋转即可启动发动机，发动机启动后立即松开主开关；

（4）如果电子启动器失灵，可使用回绕启动器，用脚踩住消防泵固定底座，慢慢拉出启动绳，使启动绳棘轮齿合结合后，突然用力拉起。

1.1.5 注意事项

启动器电机多余的操作会耗尽电池。运转启动器电机时间最多 5s。如果发动机没有启动，10s 后才可再运转启动器电机。

警告：回绕启动器的盖打开时，不要运转发动机。否则，会造成严重伤害。

1.1.6 泵吸水和出水操作（图 1－4）

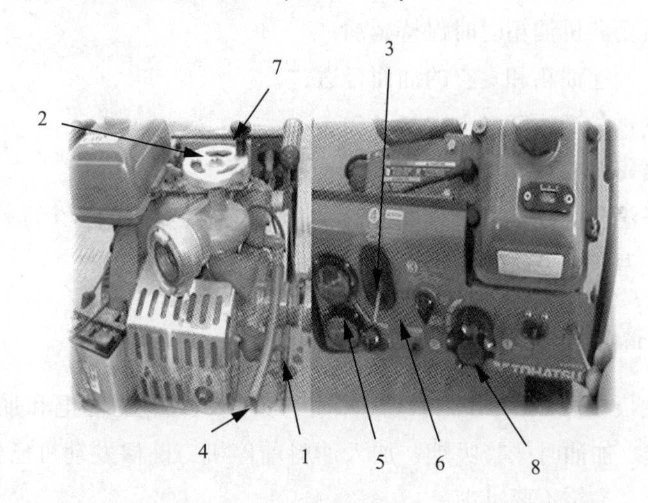

图 1－4 东发牌 VC20 型消防泵吸水和出水操作示意图

（1）在吸水前确认排水阀、出水阀已关闭；

（2）发动机起动后，将真空泵手柄往上提至吸水端；

（3）检查真空泵的排水管是否有水流出；

（4）压力表转到正值范围；

（5）将真空泵手柄推回原位；

（6）打开出水阀；

（7）使用油门来调节水量和压力。

1.1.7 正确停机

（1）将油门旋至低速的位置；

（2）关闭油路开关；

（3）关闭出水阀；

（4）将主开关打到 OFF（关闭）位置；

（5）打开排水阀，检查所有水已经排出泵外，关闭排水阀，卸下吸水管。

1.1.8 检查和维护

（1）保持消防泵洁净；

（2）油料箱和机油箱时时保持满油；

（3）保持调速油箱和真空的油面合适；

（4）至少每月试运转泵 1 次；

（5）注意每月检查电池 1 次；

（6）如果消防泵存储 1 个月以上，要将化油器浮箱的油料全部排出；

（7）火花塞脏或磨损要更换。

1.1.9 操作中的注意事项

（1）汽油极具爆炸性，闻到汽油味时，火焰、火花、静电和加热会引起爆炸和发生火灾。加油时严禁吸烟，加入油料前停机，确保发动机已经完全冷却，不要溢出汽油，油箱不要过满；

（2）发动机运转时，千万不要触及滑轮、皮带或其他动的部件，以免导致伤害；

（3）发动机运转时，千万不要触及火花塞的点火电线。这种电线电压很高，足以伤害身体；

（4）发动机运转时和停机 10min 内，不要触及排气管和消音器。避免引起烫伤；

（5）不要在靠近易燃物处运转消防泵（距离应大于 3m）；

（6）不要在干草地上运转消防泵。

1.2　东发牌 VC82 型供水泵

东发牌 VC82 型供水泵，如图 1－5 所示。

产地：日本。

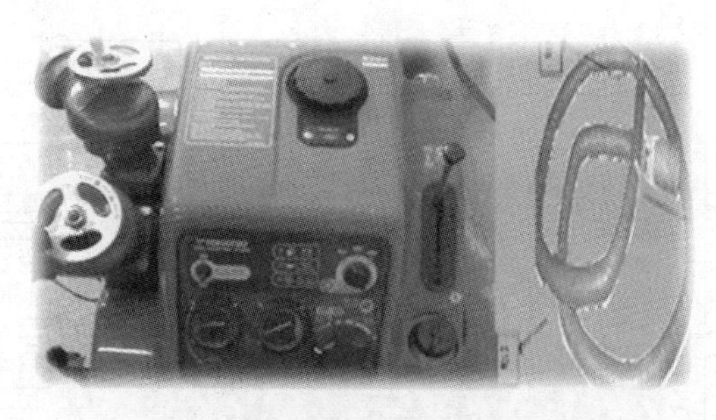

图 1－5　东发牌 VC82 型供水泵

1.2.1　产品主要特点

体积小，适用于不便利的山地供水，便于操作，利用河流、水塘等天然水源进行供水，为抢险救援现场提供供水保障。

1.2.2　主要参数（表 1－2）

表 1－2　东发牌 VC82 型供水泵主要参数表

<table>
<tr><td>产品型号</td><td>VC82ASEEXJIS</td><td>水泵类型</td><td>单泵单程离心泵</td><td>真空泵</td><td colspan="2">碳纤维活片无油式（最大吸程约 9m）</td></tr>
<tr><td>抽真空</td><td colspan="2">1m 吸程（0.2s）</td><td>吸水、出水口</td><td>Φ90mm</td><td>机油量</td><td>2L</td></tr>
<tr><td>时间</td><td colspan="2">7m 吸程（8.5s）</td><td>尺　寸</td><td>2xΦ65mm</td><td>重量</td><td>95kg</td></tr>
<tr><td rowspan="3">吸程
3m
流量</td><td>压力 0.6MPa</td><td>2050L/min</td><td rowspan="2">标准
喷嘴</td><td>Φ29.5mm</td><td rowspan="2">输出功率</td><td rowspan="2">最大 70PS＝52kW</td></tr>
<tr><td>压力 0.8MPa</td><td>1800L/min</td><td>Φ24mm</td></tr>
<tr><td>压力 1.0MPa</td><td>1500L/min</td><td colspan="4">长度 742mm×宽度 682mm×高度 760mm</td></tr>
<tr><td rowspan="2">发动机
类型</td><td colspan="3" rowspan="2">卧式，双气缸，电动，水冷，二冲程，水冷却循环发动机</td><td>转速规格</td><td colspan="2">5000r/min</td></tr>
<tr><td>油箱容量</td><td colspan="2">18L（每小时约 20L）</td></tr>
</table>

续表

产品型号	VC82ASEEXJIS	水泵类型	单泵单程离心泵	真空泵	碳纤维活片无油式（最大吸程约9m）
润滑供应	自动混合比率供应		点火方式	飞轮永磁电机（C. D. I）	
起动系统	电起动，自动反冲系统；绳拉式启动		蓄电池	12V、16Ah/5h	

1.2.3 操作前检查（图1－6）

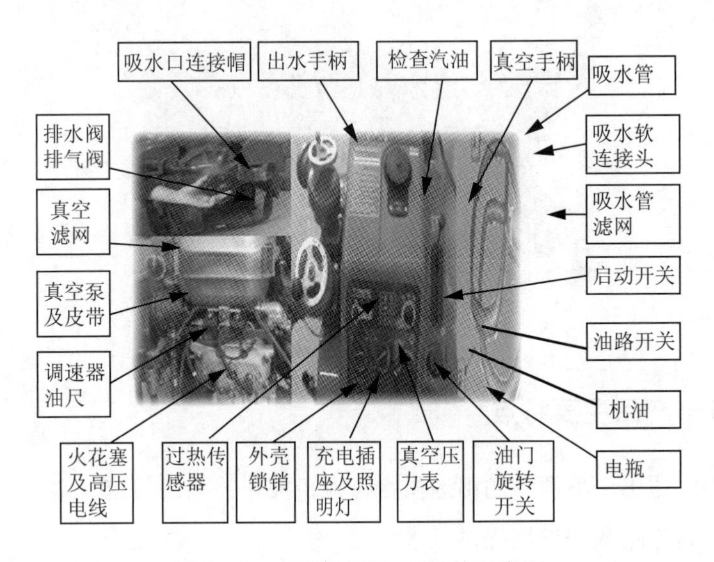

图1－6　东发牌VC82型结构示意图

（1）检查过热传感器应开到常始位置，该发动机属于水冷型，不供水禁止长时间发动；

（2）添加二冲程机油，调速器油为二冲程机油，拔出调速器油尺检查调速器油应在上刻度和下刻度之间；

（3）检查真空皮带是否磨损，磨损严重需要更换；

（4）检查排气阀和排水阀应在关闭状态；

（5）拉开放油阀，使汽油流出即可。

1.2.4 发动机启动（图1－7）

（1）首先打开油路开关，（在放置时间过长，要拉开放油开关，让油流出即可）；

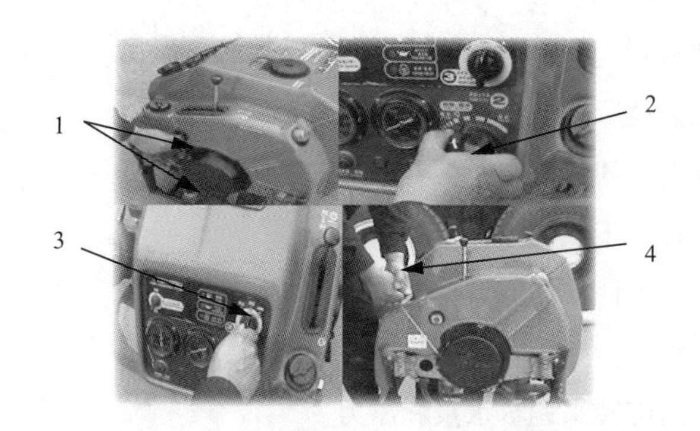

1－7　东发牌 VC82 型供水泵发动机结构示意图

（2）旋转油门至吸水位置；

（3）打开启动开关至启动位置、然后向右旋转即可启动发动机，发动机启动后立即松开主开关；

（4）如果电子启动器失灵，可使用回绕启动器，用脚踩住消防泵固定底座，慢慢拉出启动绳，使启动绳棘轮齿合结合后，双手突然用力拉起。

提示：启动器电机多余的操作会耗尽电池。运转启动器电机时间最多 5s。如果发动机没有启动，10s 后才可再运转起动电机。

警告：回绕启动器的盖打开时，不要运转发动机。否则，会造成严重伤害。

1.2.5　泵吸水和出水操作（图 1－8）

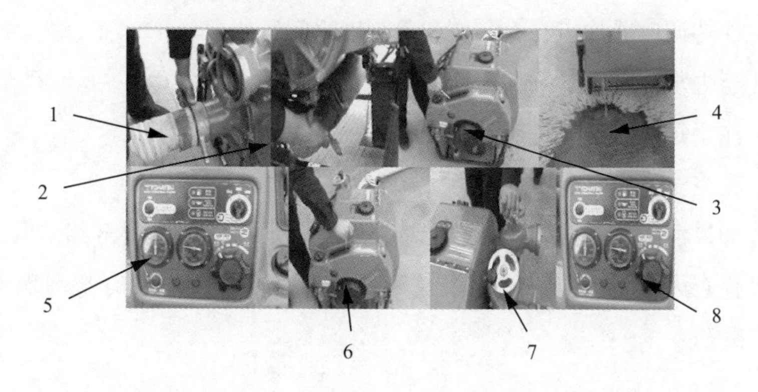

图 1－8　VC82 型供水泵吸水和出水操作示意图

（1）在吸水前连接吸水管；

（2）确认排水阀、出水阀已关闭；

（3）发动机起动后，将真空泵手柄压低至吸水端；

（4）检查真空泵的排水管是否有水流出；

（5）压力表转到正值范围；

（6）将真空泵手柄推回原位；

（7）打开出水阀；

（8）使用油门旋转来调节水量和压力。

1.2.6 正确停机

（1）将油门旋至低速的位置；

（2）关闭油路开关；

（3）关闭出水阀；

（4）将主开关打到“OFF”（关闭）位置；

（5）打开排水阀、排气阀，使泵里的水排出，关闭排水阀、排气阀，卸下吸水管。

1.2.7 检查和维护

（1）油料箱和机油箱时时保持满油；

（2）保持调速器油应在上刻度和下刻度之间；

（3）至少每月对消防泵保养试运转泵1次；

（4）注意每月对电瓶进行1次充电；

（5）真空滤网做好及时清理；

（6）如果消防泵存储1个月以上，要将化油器浮箱的油料全部排出；

（7）检查火花塞，点火不好要及时更换；真空皮带是否有断裂现象，磨损严重要更换。

1.2.8 注意事项

（1）发动机运转时，千万不要触及滑轮、皮带或其他动的部件，以免导致伤害；

（2）发动机运转时，千万不要触及火花塞的点火电线。这种电线电压很高，足以伤害身体；

（3）发动机运转时和停机 10min 内，不要触及排气管和消音器，避免引起烫伤；

（4）不要在靠近易燃物处运转消防泵（距离应大于 3m）；

（5）不要在干草地上运转消防泵。

1.3　CET 浮艇泵

CET 浮艇泵，如图 1－9 所示。

产地：加拿大。

图 1－9　CET 浮艇泵

浮艇泵主要由发动机、离心泵、漂浮底座、手抬架及水带、水枪等组成。

1.3.1　产品特点

浮艇泵体积小、质量轻、操作简单快捷。可直接利用池塘、河流、水池等水源，可漂浮在水面上进行抽水作业。灵活性强、出水量大、射程远、易于维护。适合于城镇、山区乡村、及消防车不宜到达的火灾现场和供水提供保障。

1.3.2 主要参数（表1－3）

表1－3 CET浮艇泵主要参数表

发动机型号	11PS、四冲程、单气缸风冷汽油本田发动机				重量	31kg
外形尺寸	819mm×762mm×561mm			漂浮物	玻璃钎维浮漂	
燃油量为	2.3L	引擎机油容量为		1.1L	排水口为	65cm
点火系统	自动反冲启动绳拉式				进水口为	77cm
出水量为	1700L/min	最大输出	8.2kW			

1.3.3 操作前检查（图1－10）

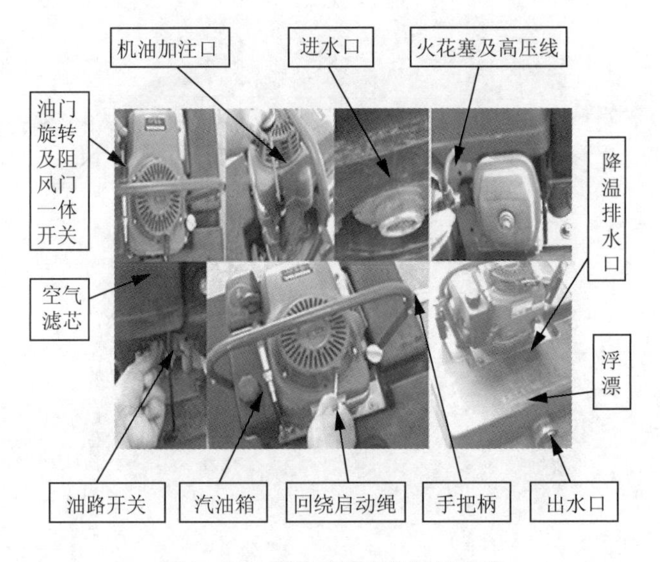

图1－10 操作前检查位置示意图

（1）观察引擎四周和下方，是否有漏油迹象；

（2）清除引擎上尤其是消声器和反卷启动器周围的灰尘、碎片；

（3）观察机器有无损坏；

（4）检查挡板、盖片是否移位，螺母、螺帽等是否有松动。

1.3.4　操作前须知

（1）引擎排气含有有害碳化物，不要在室内或不通风区域使用引擎；

（2）在工作时引擎会致热，保持引擎与其他物体至少 1m 以上的距离。在引擎工作时，勿在引擎上放置易燃易爆物品；

（3）汽油报警系统是为了曲轴箱油量不足而保护引擎受损设计的。在油量低于安全限度时，引擎报警系统会发出一声蜂鸣声，此时应该给引擎加汽油。汽油报警系统不能代替检查油量工作。正确的方法是每次使用浮泵前检查油量。警报声响起，马上停止引擎，需要加油。

1.3.5　浮艇泵操作

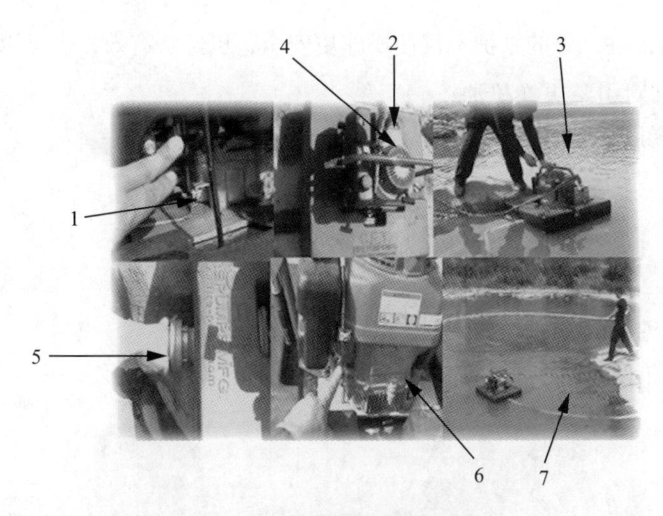

图 1－11　浮艇泵操作示意图

（1）打开燃油开关，（往里推是开位置）；

（2）把油门控制杆置于阻气门关闭位置，旋转油门控制杆到最大位置；

（3）轻轻拉起启动器把手，感到有阻力，然后猛地拉起，使发动机启动；

（4）发动机启动后，将油门控制手柄倒转控制水量，锁定控制杆；

（5）连接水带口；

（6）倒转油门控制杆使阻风门打开，发动机运转正常，开始吸水工作；

（7）用导向绳拴住浮艇泵，并进行固定。

注意：启动器把手复位时不应过猛，避免反冲造成引擎损坏。如果引擎 5s 内启动失败，松开引擎开关，再次重新启动引擎需要等待至少 10min。

1.3.6 关闭引擎

（1）在紧急状况下，可以按住控制杆按钮推回关位置来关闭引擎；

（2）正常情况下关闭引擎，将油门控制杆旋转到怠速位置，运转 1~ 2min，再关闭发动机；

（3）把燃料控制阀移到关位置。

1.3.7 引擎保养

维护的重要性：好的维护不仅使操作更安全，更经济有效，也可以减少污染。

（1）定期对引擎更换机油；

（2）空气滤芯亲吹扫，定期更换。

1.4 防爆水轮驱动输转泵

防爆水轮驱动输转泵，如图 1－12 所示。

产地：德国。

图 1－12 防爆水轮驱动输转泵

1.4.1　产品介绍

防爆水轮驱动输转泵动力源为消防车水源，安全防爆。外壳 PUR 涂层保护，内带驱动装置。高压水流注入泵体内，带动水轮机工作形成负压，从而抽吸各种液体，特别是易燃易爆液体，如燃油、机油、废水、易燃化工危险液体等。

1.4.2　技术参数（表 1－4）

表 1－4　技术参数表

型号	M300	流量范围	4～22m³/h		
压力	≤2bar（29psi）	操作温度	≤80℃	质　量	94kg
最长工作时间	≤5h				

1.4.3　操作（图 1－13）

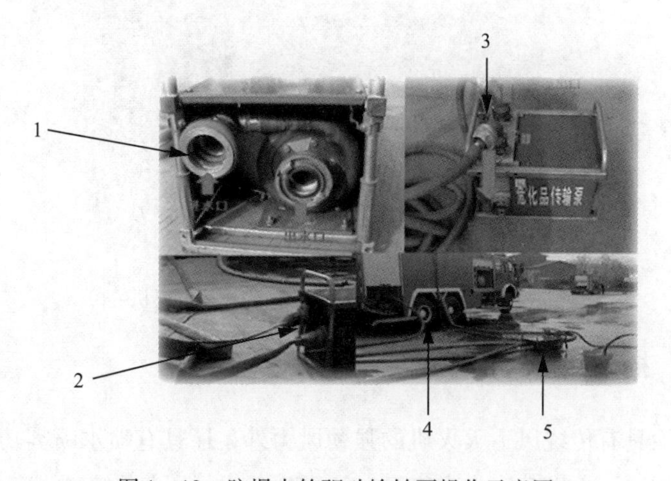

图 1－13　防爆水轮驱动输转泵操作示意图

（1）首先检查输转泵性能；

（2）连接消防车之间的水带；

（3）连接导流管线；

（4）消防车转速应达到 1500r/min 才能开始工作；

（5）工作完毕后，应空转10s，把泵体内的液体流出即可。

1.4.4 注意事项

（1）每月要运转1次，在运转过程中，人员不要离传输泵很近，以免造成伤害；

（2）对传输泵皮带经常检查，发现老化及时更换；

（3）传输各液体后要清洗干净，防止腐蚀；

（4）检查输转泵的油量。

1.5 6MF－30型背负式风水灭火机

6MF－30型背负式风水灭火机，如图1－14所示。

产地：中国江苏。

图1－14 6MF－30型背负式风水灭火机

1.5.1 描述

该设备除具有传统风力灭火机的强劲风力外，还具有喷水喷雾功能。与传统风力灭火机相比，灭火功率大大提高，清理后的火场不易死灰复燃。同时因为采用背负式结构，大大减轻了灭火人员的劳动强度，使其能腾出左手进行其他作业，因而特别适合地势陡峭、需要攀爬作业的地区使用。

1.5.2　主要技术参数（表 1－5）

表 1－5　主要技术参数表

发动机	单杠强制风冷二冲程汽油机			缸径×冲程	53.7×40
燃油	90#汽油与二冲程汽油按容积比为 20：1 混合，或 90#汽油与 10#汽油按容积比为 18∶1 混合				
最大功率	4kW/7000r/min	出口风速	125m/s	距风机中心 2.5m 处风速	28m/s
水箱容量	8.5L	油箱容量	1.9L	火花塞	4118（Z8C）
化油器	泵膜式	点火方式	电容放电式	喷雾高度	10m
最大射程	60°	喷数量	7L/min	质量	12kg

1.5.3　操作前检查（图 1－15）

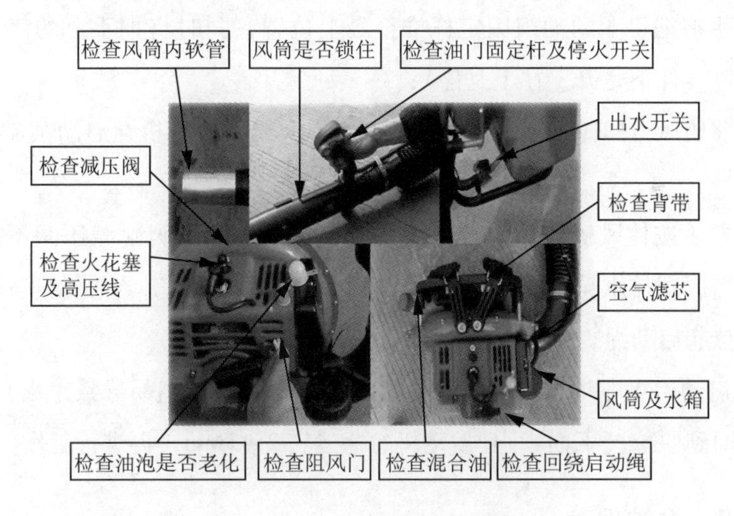

图 1－15　操作前检查示意图

（1）检查油路管线、油泡是否老化，（如果老化要及时更换）防止漏油；

（2）添加汽油必须是（二冲程机油和汽油）混合油；

（3）检查点火线圈及火花塞是否正常。

1.5.4 基本操作（图1－16）

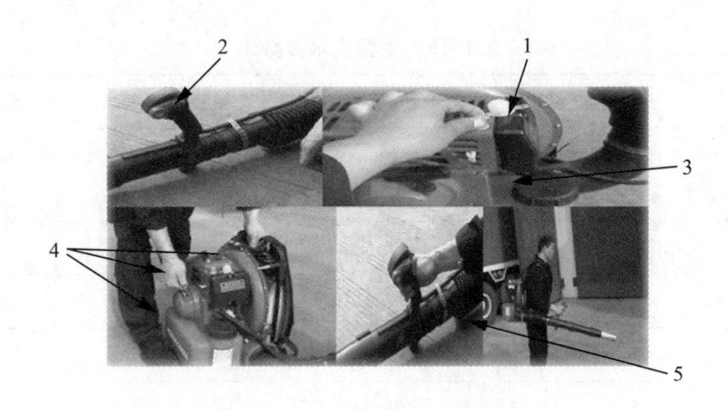

图1－16 基本操作示意图

（1）捏发动机罩上的油泡几次，直到泡内有近一半油即可；

（2）手握把手上的油门固定杆推至最上位置，同时将把手上的停火开关按到启动位置（往下是开、往上是停）；

（3）将阻风门杆转到关的位置（平是开、竖是关、热机在启动不需要关阻风门）；

（4）左手按住风机背带支架，拇指或食指按下加压阀（减压阀不按下也可以启动）右脚踩住水箱边支架，右手先慢拉起回绕启动绳，当感觉到棘轮齿结合后，迅速拉起启动绳，然后再松开减压阀；

（5）启动后立即将阻风门转到关的位置（不关阻风门易导致熄火），将油门固定杆退回到原位（下面），让发动机怠速运转2～3min，再进行工作。

1.5.5 维护保养

（1）使用后检查发动机气缸散热片有无杂物，做到及时清理；

（2）检查各部件螺丝是否松动；

（3）检查油管是否老化（使用期1年）；

（4）及时添加油料；

（5）火花塞点火不好需要更换；

（6）拆下空气滤芯网用清水洗净晾干。

1.5.6　注意事项

（1）加油时不能运转发动机，严禁明火，启动前设备不能有积油，擦干再启动；

（2）严禁启动后不怠速立即高速工作或空负荷高速运转；

（3）严禁大油门高速运转中停机，防止损坏发动机。

1.6　PSKDY50WJ－Ⅱ遥控消防水炮

PSKDY50WJ－Ⅱ遥控消防水炮，如图 1－17 所示。

产地：上海。

图 1－17　PSKDY50WJ－Ⅱ遥控消防水炮示意图

1.6.1　功能介绍

PSKDY50WJ－Ⅱ遥控消防水炮功能齐全，射程远，炮身和炮头可进行远距离遥控操作。有利于作业人员远离现场，有效地避免了对作业人员的危险性。该炮同时安装了手动装置，以备无电源时可进行手工操作。该炮具有体积小，重量轻，支撑脚可折叠，操作简便，灵活可靠等特点。

另外 PSKDY50WJ－Ⅱ遥控消防水炮还可以喷射泡沫作业适用于油田，油库石油化工及消防车难以进入或有毒有害易燃易爆等地方。

1.6.2 技术参数（表1-6）

表1-6 技术参数表

水泡型号	PSKDY50型	进水口经	65mm×2	流量	50L/s
最大喷雾	≥100°	仰俯角	上70°下30°	驱动电压	24V
遥控距离	≥150m	质量	约40kg	泡沫射程	≥60m

1.6.3 操作前检查（图1-18）

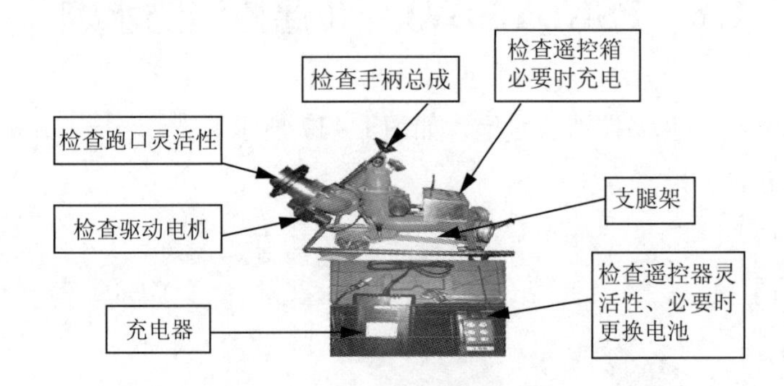

图1-18 使用前检查示意图

（1）电量是否充足，必要时可以充电；

（2）检查炮灵活度，必要时进行保养。

1.6.4 操作

（1）到达火场后，拉开4个支腿。检查5只支腿脚尖全部要求着地；

（2）打开炮体上的电源开关；

（3）用消防车水带与炮连接好供水，用遥控器操作即可；

（4）实战完毕后，炮体内的残余水会自动从泄水堵中流出；

（5）水流尽后，将炮体擦干，关闭电源，取出电池，收拢支腿。

1.6.5 注意事项

（1）由于地面不平、陷落会造成支撑不力，喷射时失去重心发生滑移或侧翻，引起事故；

（2）水炮工作时不要移动水炮，防止人员伤害，用完后要用清水对炮体及管路进行清洗。

1.6.6　保　养

（1）炮应定期进行维护保养，每周至少用 1 次，尤其是使用完后的进行保养，对各转动部分应加注润滑油脂，以保证转动灵活；

（2）在寒冷地区应注意采取排水，保温等防寒、防冻措施；

（3）遥控器电池及控制柜的电瓶，经常检查电量不足时应及时充电或更换。

1.7　PSY60 型移动式消防炮

PSY60 型移动式消防炮，如图 1 - 19 所示。

产地：中国江西。

图 1 - 19　PSY60 型移动式消防炮示意图

1.7.1　移动式泡沫——水两用炮

PSY60 型系列移动式泡沫——水两用炮适用于火场离水源较远，消防车不能进入的空间；用于扑灭一般固体物质火灾和油类火灾，该炮具有功能多、体积小、性能好、操作简单、携带方便等特点，是常规消防车、油轮、码头等场所理想的消防配套产品；该产品配有 2 个 80mm 消防接口，可配两条 80mm 消防水带与泡沫消防车或泡沫栓连接使用，4 个支架腿可实现任意角度的定位。

1.7.2 技术参数（表 1－7）

表 1－7 PSY60 型移动式消防炮技术参数

水泡型号	PSY60 型	进水口经	80mm×2	流量	60L/s
最大喷雾	≥100°	仰俯角	上 70°下 30°	泡沫射程	≥70m
质量	约 27kg				

1.7.3 操作前检查（图 1－20）

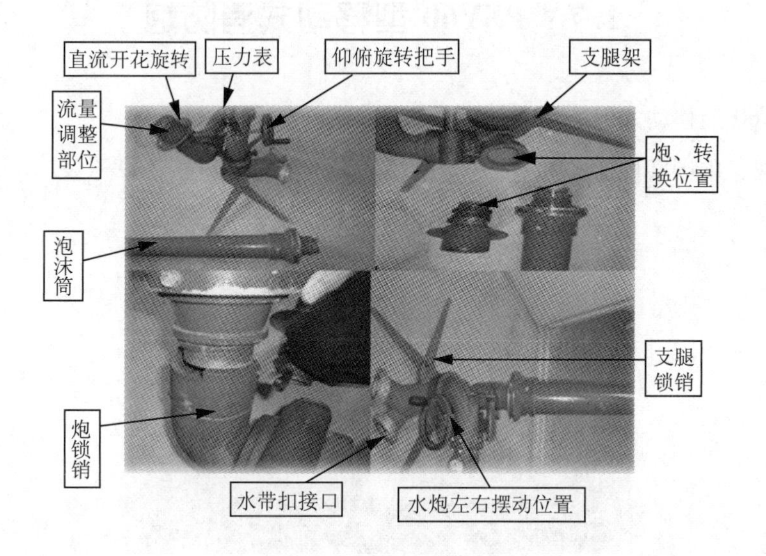

图 1－20 操作前检查位置示意图

1.7.4 操作

（1）到达火场后，将锁销提起，拉开 4 个支腿。检查 5 只支腿脚尖全部要求着地；

（2）需要用泡沫时应换上泡沫筒；

（3）用消防车水带与炮连接好供水；

（4）实战完毕后，炮体内的残余水会自动从泄水堵中流出；

（5）水流尽后，将炮体擦干，收拢支腿。

1.7.5 注意事项

（1）由于地面不平、陷落会造成支撑不力，喷射时失去重心发生滑移或侧翻，引起事故；

（2）水炮工作时不要移动水炮，防止人员伤害，用完后要用清水对炮体及管路进行清洗。

1.8 RAM 移动式水力摇摆水/泡沫两用炮

RAM 移动式水力摇摆水/泡沫两用炮，如图 1－21 所示。

产地：美国。

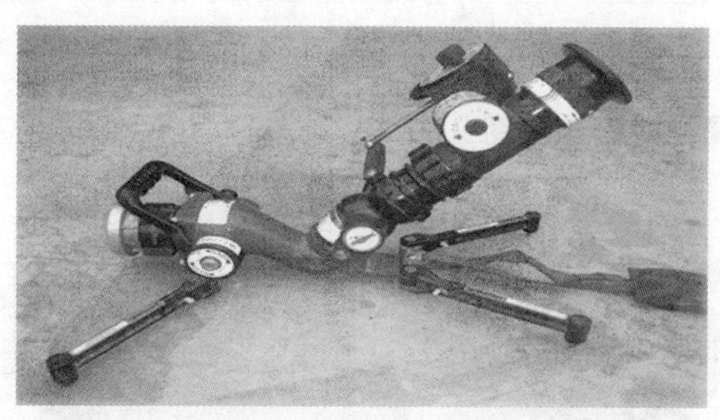

图 1－21　RAM 移动式水力摇摆水/泡沫两用炮

1.8.1 详细介绍

自摆式消防水炮、水力自摆炮、移动式水力自摆炮、消防水炮、固定式自摆炮系统运用了水力驱动的原理、是炮头在调定的范围内自行摆动，形成扇形喷射；其喷射幅面可根据情况调整，可广泛应用于油轮、码头、石油化工、消防艇和消防车配套设备，达到灭火降温的目的；使用场所将不受现场地形条件限制，是目前较为理想的灭火降温设备。

1.8.2 特　点

该炮质量轻，一个人便于操作，具有射程远、操作简单灵活，仰俯可实现定位以利于消防人员远离火场险情；该消防炮主要由水带接口、分水管、左右金水管、回转体、水利驱动自摆系统、幅面调节系统和喷射系统组成；可以调整炮的仰俯角度并定位；根据现场的灭火降温范围调整喷射幅面；较现行国内使用的移动式消防炮更有重量轻、美观大方、使用方便的优点。

1.8.3 主要参数（表1－8）

表1－8　RAM移动式水力摇摆水/泡沫两用炮主要参数表

型　号	RAM移动式消防炮	流　量	32L/s
摆动角度	左右各为25°～40°	进水口为	65mm（2.5in）
出水口	65mm（2.5in）	质量	约7.5kg
有效射程	大于60m	仰俯角	20°～63°

1.8.4 操作前检查（图1－22）

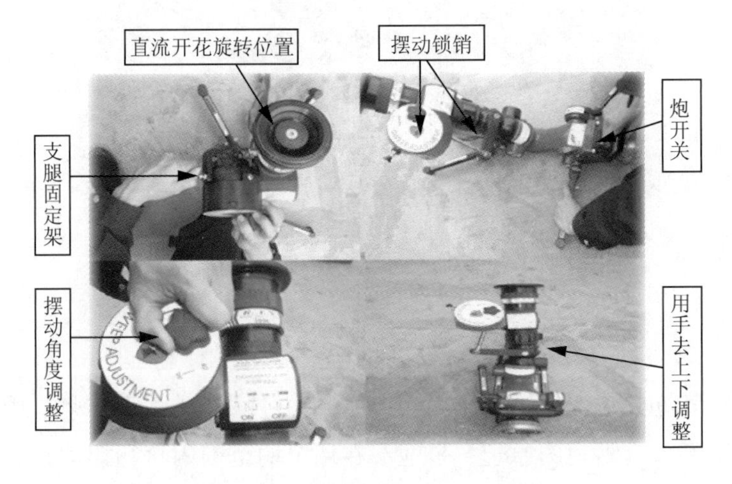

图1－22　操作前检查位置示意图

1.8.5 操　作

（1）一个人携带水炮到达火场后，将锁销拉起，拉开 4 个支腿。检查 5 只支腿脚尖全部要求着地；

（2）用消防车水带与炮连接好供水，使消防车转速达到 800 转以上炮就会自动摆动；

（3）实战完毕后，炮体内的残余水会自动从泄水堵中流出；

（4）水流尽后，将炮体擦干，收拢支腿。

1.8.6 注意事项

（1）由于地面不平、陷落会造成支撑不力，喷射时失去重心发生滑移或侧翻，引起事故；

（2）水炮工作时不要移动水炮，防止人员伤害，用完后要用清水对炮体及管路进行清洗。

1.8.7 保　养

（1）炮应定期进行维护保养，每周至少用 1 次，尤其是使用完后的进行保养，对各转动部分应加注润滑油脂，以保证转动灵活；

（2）在寒冷地区应注意采取排水，保温等防寒、防冻措施。

1.9 PSKDY50WJ－遥控消防水炮

PSKDY50WJ－遥控消防水炮，如图 1－23 所示。

产地：中国江西。

图 1－23　PSKDY50WJ－遥控消防水炮

1.9.1　功能介绍

PSKDY50WJ－遥控消防水炮功能齐全，射程远，炮身和炮头可进行远距离遥控操作。有利于作业人员远离现场，有效地避免了对作业人员的危险性。该炮同时安装了手动装置，以备无电源时可进行手工操作。该炮体积小，重量轻，支撑脚可折叠，操作简便，灵活可靠等特点。

另外，PSKDY50WJ－遥控消防水炮还可以喷射泡沫作业适用于油田，油库石油化工及消防车难以进入或有毒有害易燃易爆等地方。

1.9.2　技术参数（表 1－9）

表 1－9　PSKDY50WJ－遥控消防水炮技术参数表

水炮型号	PSKDY50 型	进水口经	80mm×2（快插）	流　量	50L/s
最大喷雾	≥100°	仰俯角	上 70°下 30°	驱动电压	24V
遥控距离	≥150m	质　量	约 40kg	泡沫射程	≥60m

1.9.3　操作前检查（图 1－24）

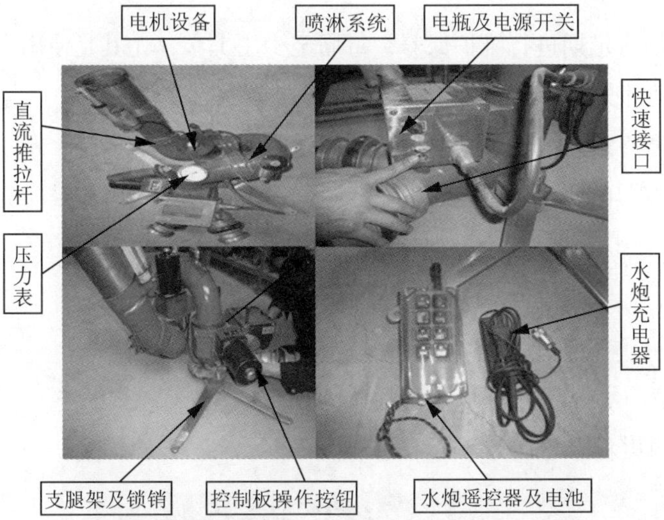

图 1－24　操作前检查位置示意图

（1）电量是否充足，必要时可以充电；

（2）检查炮灵活度，必要时进行保养。

1.9.4　操　作

（1）到达火场后，拉开 4 个支腿。检查 5 只支腿脚尖全部要求着地；

（2）打开炮体上的电源开关；

（3）用消防车水带与炮连接好供水，用遥控器操作即可；

（4）实战完毕后，炮体内的残余水会自动从泄水堵中流出；

（5）水流尽后，将炮体擦干，关闭电源，取出电池，收拢支腿。

1.9.5　注意事项

（1）由于地面不平、陷落会造成支撑不力，喷射时失去重心发生滑移或侧翻，引起事故；

（2）水炮工作时不要移动水炮，防止人员伤害，用完后要用清水对炮体及管路进行清洗。

1.9.6 保　养

（1）　炮应定期进行维护保养，每周至少用1次，尤其是使用完后的进行保养，对各转动部分应加注润滑油脂，以保证转动灵活；

（2）在寒冷地区应注意采取排水，保温等防寒、防冻措施；

（3）遥控器电池及控制柜的电瓶，经常检查电量不足时应及时充电或更换。

1.10　PSY60 消防水炮

PSY60 消防水炮，如图 1 - 25 所示。

产地：四川森田。

图 1 - 25　PSY60 消防水炮

1.10.1　介绍产品

PSY 移动式消防炮，具有射程远，操作简单灵活，并可靠定位锁紧。适用于各型消防车、工矿企业、仓库、油田、储罐的移动式消防灭火设备。

1.10.2　技术参数（表 1 - 10）

表 1 - 10　PSY60 消防水炮技术参数

型　号	PSY60 型	流　量	60L/s	喷射压力	≤1.0MPa
质　量	35kg	仰俯角	上 70°下 30°		

1.10.3 操　作

（1）两人携带水炮到达火场后，放到需要的位置；

（2）用消防车 65mm 两盘水带与炮连接好供水，根据需要角度，用手转动手柄；

（3）用手对炮左右摆动，不摆动时用锁销锁定即可；

（4）开花直流需要旋转手柄即可；

（5）实战完毕后，炮体内的残余水会自动从泄水堵中流出；

（6）水流尽后，将炮体擦干。

1.11 掩体消防炮

掩体消防炮，如图 1－26 所示。

产地：四川森田。

图 1－26　掩体消防炮

1.11.1 产品介绍

掩体消防水炮功能齐全，射程远，主要用于远距离工作。外有防护设施，使人员在里面操作。可以喷射泡沫作业适用于油田，油库石油化工及消防车难以进入或有毒有害易燃易爆等地方。

1.11.2 操作前检查（图1－27）

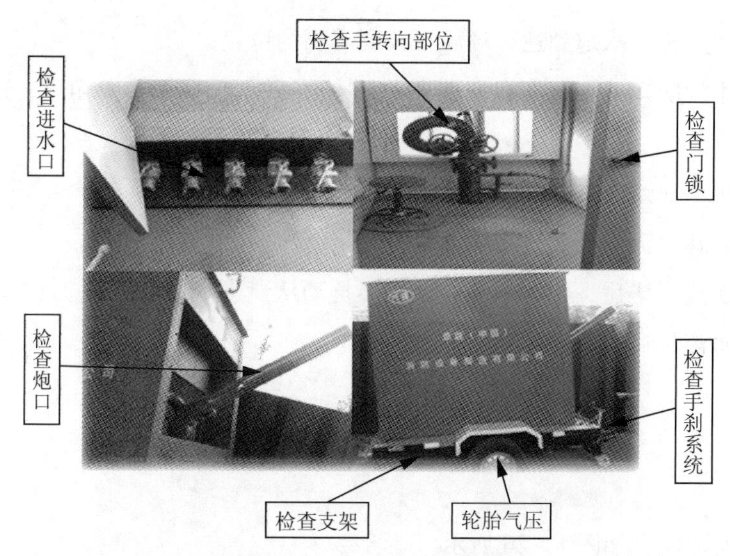

图1－27 操作前检查位置图

1.11.3 参 数（表1－11）

表1－11 抢体消防炮参数表

掩体炮型号	流 量	射 程	供水口
120型	120L/s	≥90m	6个

1.11.4 操 作

（1）首先用车辆把掩体炮拉到需要的救援地方；
（2）摆好位置，拉住手刹，把支架撑起；
（3）利用消防泵组或消防车对消防水炮进行供水；
（4）人可以在掩体炮里进行操作。

1.11.5 注意事项

（1）在工作前必须将支架撑起，严禁不撑起支架就供水；
（2）水炮工作时不要移动水炮，防止人员伤害；
（3）在寒冷地区应注意采取排水，保温等防寒、防冻措施。

第2章

消防供气类

2.1 移动式 JUNIOR Ⅱ 高压缩空气充装机

移动式 JUNIOR Ⅱ 高压缩空气充装机，如图 2－1 所示。

产地：德国宝亚。

图 2－1 移动式 JUNIOR Ⅱ 高压缩空气充装机

2.1.1 产品特点

设计紧凑，体积小，质量轻，噪声低，操作简单，维护方便。独特的活性炭吸附，油气分离尘埃滤清器保证产出的气体纯净安全，安全符合人体呼吸的卫生标准，带有过压保护，安全性能好，是有毒场所从事危险作业的工作人员有效保证生命安全的必备设备。

2.1.2 技术参数（表 2－1）

表 2－1 移动式 JUNIOR Ⅱ 高压缩空气充装机参数表

型　号	德国 BAUER	交流三项电动机	400VHz	功　率	2.2kW
压　力	30MPa	转　速	2850r/min	排气量	100L/min
过滤器型号	P41	压缩机转速	2300L/min	质　量	30kg

续表

<table>
<tr><td>型号</td><td>德国 BAUER</td><td>交流三项电动机</td><td>400Hz</td><td>功率</td><td>2. 2kW</td></tr>
<tr><td>压缩机油量、油型号</td><td colspan="2">N22138</td><td colspan="2">允许的最大倾斜角度</td><td>5°</td></tr>
<tr><td>压　缩</td><td colspan="2">3 级压缩</td><td colspan="2">终极安全阀的压力设定值</td><td>33MPa</td></tr>
<tr><td>充气时间</td><td colspan="5">6. 8L 单气瓶需要 20min、9L 单气瓶需要 30min</td></tr>
<tr><td>冷却系统</td><td colspan="2">风冷</td><td colspan="2"></td><td></td></tr>
</table>

2. 1. 3 检查示意图（图 2－2）

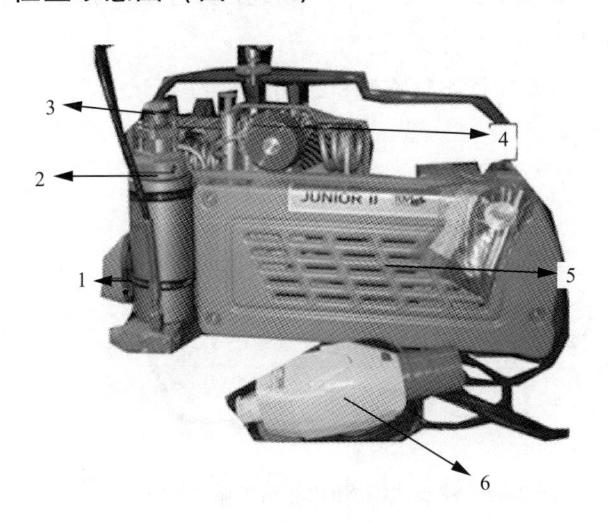

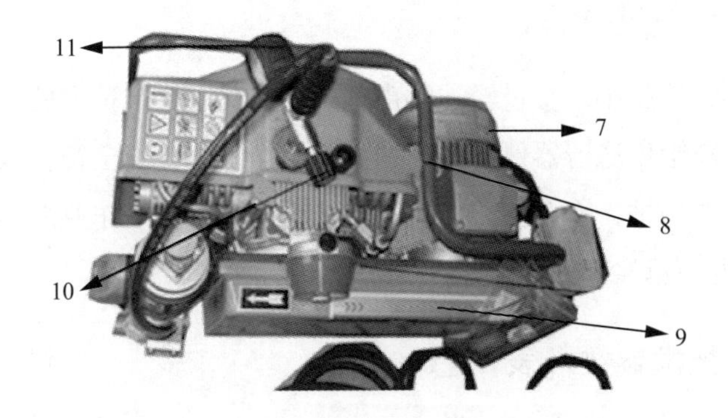

图 2－2 移动式 JUNIOR Ⅱ 高压缩空气充装机结构示意图

1—终压压力表；2—带终压压力计的充装阀；3—终压安全阀；4—油尺；5—电机皮带护栏；6—三项电插头；7—电机；8—中央过滤器组件驱动系统；9—进气过滤器；10—充气开关；11—充气压力表

2.1.4　操作前检查

（1）设备要水平放置，侧面不得靠近墙体等实物；

（2）保证周围无发动机正在工作的机动车和可燃性物体，严禁吸烟，确保周围空气新鲜；

（3）采用油尺进行检查油面高度，用不起毛的布来擦抹油尺（注意：每次使用之前必须检查。油面高度必须介于最大和最小油尺缺口之间）；

（4）电驱动系统（电压是否符合起动要求、电缆线是否漏电等）。

2.1.5　操　作

（1）首先是接通电源，连接气瓶；

（2）打开电源开关，打开带终压压力计的充装阀；

（3）打开气瓶阀开始充气，充气过程中每隔 15min 要排放冷凝水；

（4）气瓶充满后，要先关闭气瓶阀；

（5）关闭带终压压力计的充装阀；

（6）卸下气瓶。

2.1.6　停　机

（1）关闭电源开关；

（2）打开凝结水排放阀排掉油水分离器和滤芯室的凝结水，当充气阀上的压力表指示为 8MPa 时关闭阀门，保持压力，避免外界水分进入气路；

（3）检查压缩机中的油面高度，如果必要就加油。

2.1.7　安全注意事项

（1）本压缩机不能用来压缩氧气。含氧量不能高于 21%，否则就会发生爆炸；

（2）在压缩机上进行任何维修工作之前，一定要切断电源使压缩机停机，并让整个系统卸压；

（3）处于有压状态下时严禁打开充气阀，因为压缩空气喷出会引起严重事故；

（4）不得采用纤焊或电焊的方法来修复压力管线；

（5）要保证吸入的空气中不含有毒气体、排放的烟气及溶剂蒸汽等；

（6）充气软管应保持良好状态，接头螺纹不得有损坏之处。对于软管与软管接头要特别注意。如果橡皮被划伤，软管必须报废；不然的话，水会进入并腐蚀丝网，导致生锈、破裂造成伤害。

2.1.8 定期保养（表2－2）

表2－2 移动式 JUNIOR Ⅱ 高压缩空气充装机定期保养表

保养项目	时间周期
润滑油	每隔工作1000h，至少每年1次更换（换油时润滑油滤芯要更换）
进气滤芯	每隔工作125h更换
驱动皮带	每隔工作125h更换
过滤器系统	每隔工作1000h更换
过滤器滤芯	6.8L瓶每充65瓶，9L每充45瓶，停用6个月以上再起用时要更换滤芯
冷凝水排放	充气过程中每隔15min
阀　门	每隔工作1000h要取下检查 每隔工作2000h要更换，以免发生疲劳损坏

2.2 MARINER 200 型空气呼吸器充气泵

MARINER 200 型空气呼吸器充气泵，如图2－3所示。

产地：德国宝华。

图 2－3　MARINER 200 型空气呼吸器充气泵

2.2.1　产品特点

专为空气呼吸器提供气源，本机设计紧凑，体积小，重量轻，噪声低操作简单，维护方便。独特的活性炭吸附，油气分离尘埃滤清器保证产出的气体纯净安全，安全符合人体呼吸的卫生标准，带有过压保护，安全性能好，是有毒场所从事危险作业的工作人员有效保证生命安全的必备设备。

2.2.2 主要参数（表 2－3）

表 2－3　MARINER 200 型空气呼吸器充气泵参数表

<table>
<tr><td>三相交流电机</td><td>400V50Hz</td><td>功　率</td><td>4.0kW</td><td>压　力</td><td>30MPa</td></tr>
<tr><td>过滤器型号</td><td>P21 型</td><td>转　速</td><td>2850r/min</td><td>排气量</td><td>200L/min</td></tr>
<tr><td>终级安全阀</td><td>33MPa</td><td colspan="3">压缩机油量、油型号（N22138）</td><td>2.8L</td></tr>
<tr><td colspan="2">外界工作温度范围</td><td>5～45℃</td><td colspan="2">允许的最大倾斜角度</td><td>15°</td></tr>
<tr><td>压缩机转速</td><td>1300L/min</td><td>质　量</td><td>115kg</td><td>级　数</td><td>3 级</td></tr>
<tr><td>充气时间</td><td colspan="5">6.8L 单气瓶需要 10min、9L 单气瓶需要 15min</td></tr>
</table>

2.2.3 检查示意图（图2－4）

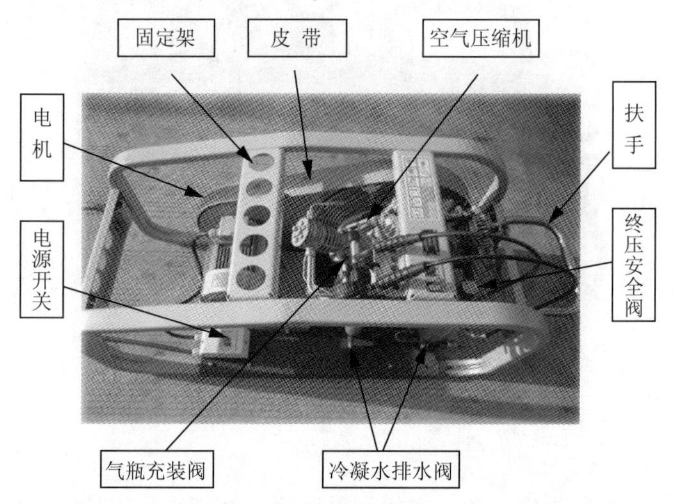

图2－4 MARINER 200型空气呼吸器充气泵检查示意图

2.2.4 操作前检查

（1）设备要水平放置，侧面不得靠近墙体等实物；

（2）保证周围无发动机正在工作的机动车和可燃性物体，严禁吸烟，确保周围空气新鲜；

（3）采用油尺进行检查油面高度。用不起毛的布来擦抹油尺（注意：每次使用之前必须检查）。油面高度必须介于最大和最小油尺缺口之间；

（4）检查电驱动系统（电压是否符合起动要求、电缆线是否漏电等）。

2.2.5 操作（图2－5）

（1）首先是接通电源，连接气瓶；

（2）打开电源开关，打开带终压压力计的充装阀；

（3）打开气瓶阀开始充气，充气过程中每隔15min要排放冷凝水；

（4）气瓶充满后，要先关闭气瓶阀；

（5）关闭带终压压力计的充装阀；

（6）卸下气瓶。

图 2－5　MARINER200 型空气呼吸器充气泵操作示意图

2.2.6　停　机

（1）关闭电源开关；

（2）打开凝结水排放阀排掉油水分离器和滤芯室的凝结水，当充气阀上的压力表指示为 8MPa 时关闭阀门，保持压力，避免外界水分进入气路；

（3）检查压缩机中的油面高度，如果必要就加油。

2.2.7　安全注意事项

（1）本压缩机不能用来压缩氧气。含氧量不能高于 21%，否则就会发生爆炸；

（2）在压缩机上进行任何维修工作之前，一定要切断电源使压缩机停机，并让整个系统卸压；

（3）处于有压状态下时严禁打开充气阀，因为压缩空气喷出会引起严重事故；

（4）不得采用纤焊或电焊的方法来修复压力管线；

（5）要保证吸入的空气中不含有毒气体、排放的烟气及溶剂蒸汽等；

（6）充气软管应保持良好状态，接头螺纹不得有损坏之处。对于软管与软管接头要特别注意。如果橡皮被划伤，软管必须报废；不然的话，水会进入并腐蚀丝网，导致生锈、破裂造成伤害。

2.2.8 定期保养（表2-4）

表2-4 MARINER 200型空气呼吸器充气泵保养表

保养项目	时间周期
润滑油	工作1000h，至少每年1次更换（换油时润滑油滤芯要更换）
进气滤芯	每隔工作125h更换
驱动皮带	每隔工作125h更换
过滤器系统	每隔工作1000h更换
过滤器滤芯	6.8L瓶每充65瓶，9L每充45瓶， 停用6个月以上再起用时要更换滤芯
冷凝水排放	充气过程中每隔15min
阀　门	每隔工作1000h要取下检查 每隔工作2000h要更换，以免发生疲劳损坏

2.3 V180-5-5型压缩机

V180-5-5型压缩机，如图2-6所示。

产地：德国宝华。

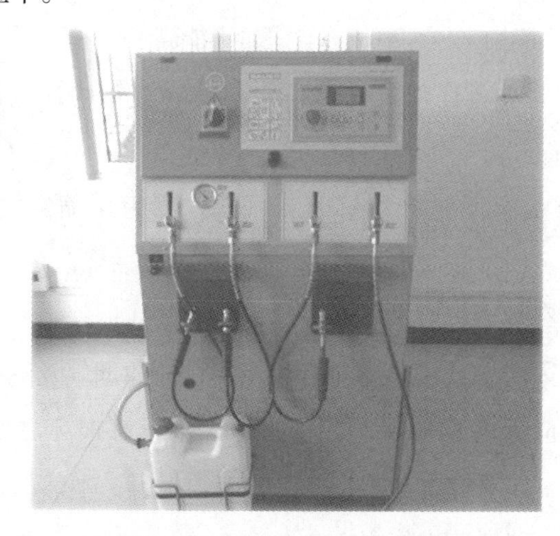

图2-6 V180-5-5型压缩机

2.3.1　产品特点

工作时必须通风，保持空气清洁未含有毒气体，专为空气呼吸器提供气源，大功率固定式压缩机，本机设计紧凑，充气快，噪声低操作简单，维护方便。独特的活性炭吸附，油气分离尘埃滤清器保证产出的气体纯净安全，符合人体呼吸的卫生标准，带有过压保护，安全性能好，是有毒场所从事危险作业的工作人员有效保证生命安全的必备设备。

2.3.2　技术参数（表 2 -5）

表 2 -5　V180 -5 -5 型压缩机参数

压缩机	V180. 5. 5	压缩机组	IK180II. mod. 5	输气率	680L/min
操作压力	PN200/PN300	噪声水平	≤70dB	压力设定	最高 330bar
压缩机转速	1320r/min	压缩机机油量	5L	压缩	4 级
功　率	15kW	质　量	455kg		

2.3.3　检查示意图（图 2 -7）

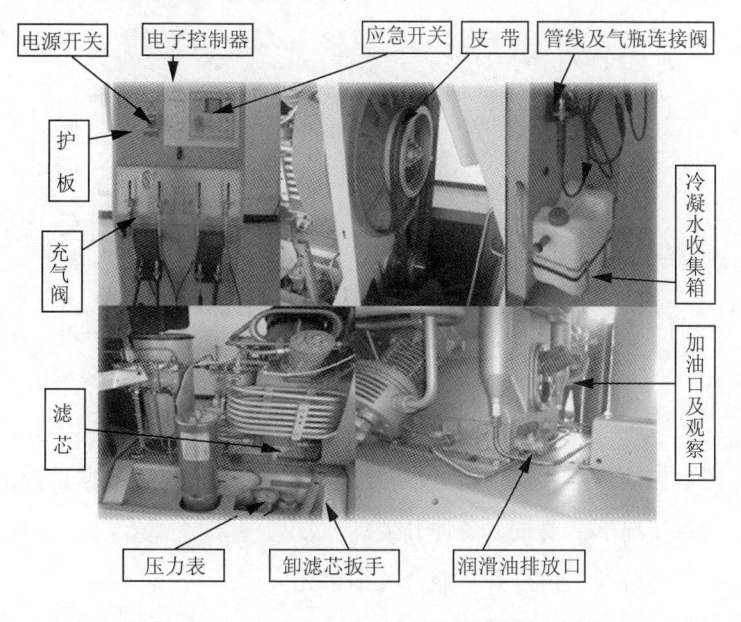

图 2 -7　V180 -5 -5 型压缩机检查示意图

2.3.4 操作前准备

（1）在第一次操作前，要详细阅读操作手册；

（2）保证压缩机周围空气新鲜；

（3）检查润滑油量，不足需要添加；

（4）检查电驱动系统（电压是否符合启动要求、电缆线是否漏电等）；

（5）用手摇动飞轮，确保所有都能顺利的转动，检查所有的螺丝和管路接口是否密封可靠；

（6）第一次启动机器后，立即停机，检查电动机转动方向，是否和机器上的箭头方向一致。如果电动机转动方向相反，电的相位没有正确连接，立即断电，将三相中的任何两相对换即可。

2.3.5 操作（图2-8）

操作前首先穿戴好自己的劳动用品。

（1）接通电源，打开总电源开关，连接气瓶；

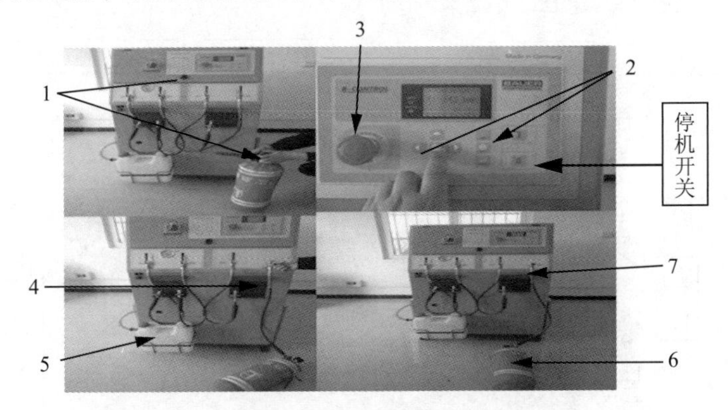

图2-8 V180-5-5型压缩机操作示意图

（2）按下启动开关，等运转后，按动主菜单，观察仪表数据是否正常；

（3）紧急情况下，要按下急停开关；

（4）打开充装阀，再打开气瓶开关即可充气；

（5）观察冷凝水自动排的情况；

（6）气瓶充满后，要先关闭气瓶阀；

（7）关闭充装阀；自动排气后，卸下气瓶。

2.3.6　关闭停机程序

（1）首先关闭停机开关，再关闭电源开关；

（2）打开放气阀放气泄压，压力降至 8MPa 时关闭放气阀门，保持压力，避免外界水分进入气路；

（3）检查压缩机中的油面高度，如果必要立即添加同型号的润滑油。

2.3.7　安全注意事项

（1）本压缩机不能用来压缩氧气。含氧量不能高于21%，否则就会发生爆炸；

（2）在压缩机上进行任何维修工作之前，一定要切断电源使压缩机停机，并让整个系统卸压；

（3）处于有压状态下时严禁打开充气阀，因为压缩空气喷出会引起严重事故；

（4）不得采用纤焊或电焊的方法来修复压力管线；

（5）要保证吸入的空气中不含有毒气体、排放的烟气及溶剂蒸汽等；

（6）充气软管应保持良好状态，接头螺纹不得有损坏之处。对于软管与软管接头要特别注意。如果橡皮被划伤，软管必须报废；不然的话，水会进入并腐蚀丝网，导致生锈、破裂造成伤害。

2.3.8　定期保养（表 2－6）

表 2－6　V180－5－5 型压缩机保养表

保养项目	时间周期
润滑油	工作 1000h，至少每年 1 次更换（换油时润滑油滤芯要更换）
进气滤芯	每隔工作 500h 更换
驱动皮带	每隔工作 500h 更换
过滤器系统	每隔工作 1000h 更换
过滤器滤芯	运转小于 500h 更换
冷凝水排放	自动排放
阀　门	每隔工作 2000h 要更换，以免发生疲劳损坏

2.4 移动气源拖车

移动气源拖车，如图 2 –9 所示。

图 2 –9　移动气源拖车

2.4.1　使用范围

（1）可以在有毒环境或者氧气含量极低（小于 17%）的环境中长时间使用；

（2）本设备能够满足呼吸防护的所有要求，并且需要长时间的空气供给时，与气源连接的呼吸长管系统可以最大限度的节省 SCBA 气瓶中的空气。

2.4.2　检查示意图（图 2 –10）

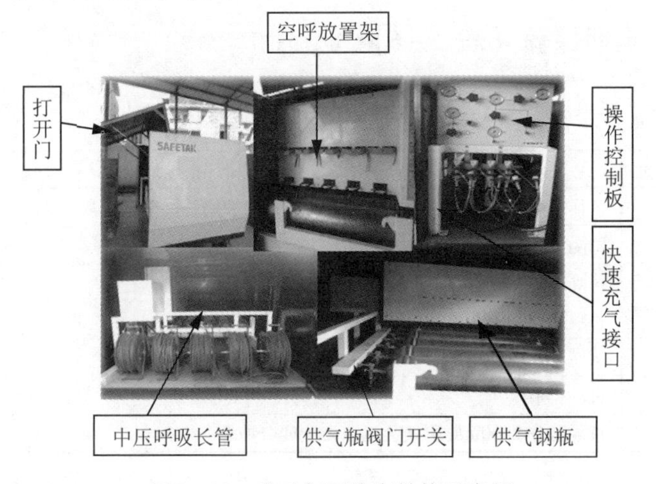

图 2 –10　移动气源拖车结构示意图

（1）检查中压长管的气密性是否良好；

（2）检查气瓶压力不能低于 300bar，小于 200bar 就要进行充气；

（3）检查控制板各开关是否正常。

2.4.3　技术参数（表 2－7）

表 2－7　移动气源拖车技术参数表

中压长管	5 个每盘长 60m	钢　瓶	6 个每瓶 50L	压　力	300bar
备用架	5 个	报　警	55bar	几组供气	2 组

2.4.4　用　途

（1）有毒环境中，移动拖车上的设备可为 5 名抢险队员提供呼吸空气。气源来自安装在拖车上的高压气源钢瓶；

（2）车上的中高压空气控制板能给 6 个高压气源钢瓶充进高压空气。安装有 300bar 高压空气合成器的充气站可以提供气源钢瓶所需的高压空气；

（3）可呼吸空气通过长管卷轴上的可移动中压呼吸长管流向抢险队员，并且不会影响抢险队员的灵活移动；

（4）每位抢险队员必须佩戴 SCBA 型号的面罩，才能从拖车上得到气源供给，从而可以免受周围有毒气体的危害。

2.4.5　操　作

（1）使用设备时，首先打开高压气瓶阀门开关（每 3 个气瓶为 1 组）；

（2）观察控制板上的压力表，等压力表上升时，慢慢打开 HP1 或 HP2，然后再打开 R3 开关，使控制板内的减压系统向 5 个中压长管输送空气；

（3）抢险队员将面罩连接到快速接口上，根据现场情况可延长距离，进行救援；

（4）在使用过程中，如高压主板蜂鸣报警，表示需要给高压系统进行充气。此时打开另一组供气阀，同时关闭另一组钢瓶供气阀；

（5）充气时，打开 P4 开关，等充气完毕后，关闭各供气阀门。

2.4.6 日常维护

（1）定期对设备进行清洁除尘，并于阴凉处存放；
（2）定期对设备机械部件进行维护，保证设备在突发情况时正常使用；
（3）定期检查设备气密性，发现漏气现象，尽快联系相关技术人员处理；
（4）每 3 年对高压储气钢瓶进行检测。

2.5 移动式长管呼吸器拖车

移动式长管呼吸器拖车，如图 2－11 所示。

图 2－11 移动式长管呼吸器拖车

2.5.1 用 途

作为移动供气源，供需要压缩空气的工具，供长时间在缺氧、有害物质或有危险的环境及有限空间作业和救援人员使用。

2.5.2 组 成

移动式长管呼吸器拖车由长管推车、长管绕盘装置、气瓶、气源分配器、减压阀、压力表、长管、三通阀、面罩、供气阀、便携式腰带等组成。

2.5.3 参数（表 2-8）

表 2-8　移动式长管呼吸器拖车参数表

工作压力	300MPa	输出流量	>450L/min
使用人数	2 人	管长	30m+2×10m

2.5.4 操　作（图 2-12）

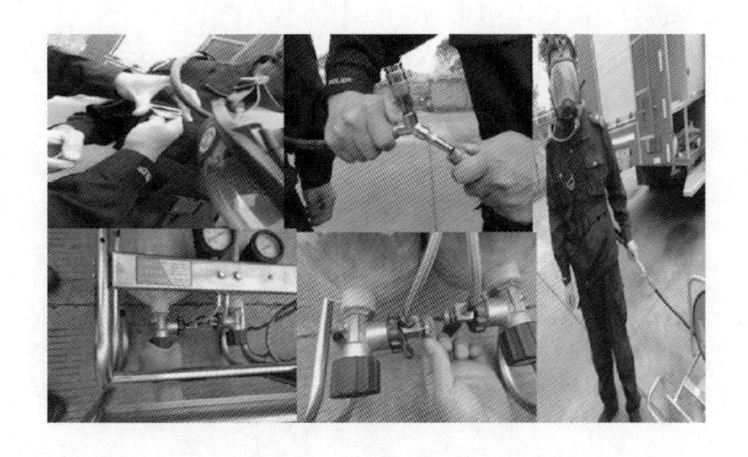

图 2-12　移动式长管呼吸器拖车操作示意图

（1）首先把颈带戴在脖子里，把腰带和肩带扣好；

（2）面罩管线和推车上的管线连接好，如果需要给 2 人供气，把三通阀接上；

（3）打开气瓶开关的同时，首先把放气开关关闭，戴好面罩，可以工作。

2.5.5 维护保养

（1）定期对气瓶进行检查，发现问题立即停止使用；

（2）定期对面罩和管线进行气密性检查；

（3）清洗时，不要使用强酸强碱洗消剂或任何尖利的东西。

第3章 侦检类

3.1 雷达生命探测仪

雷达生命探测仪，如图3－1所示。

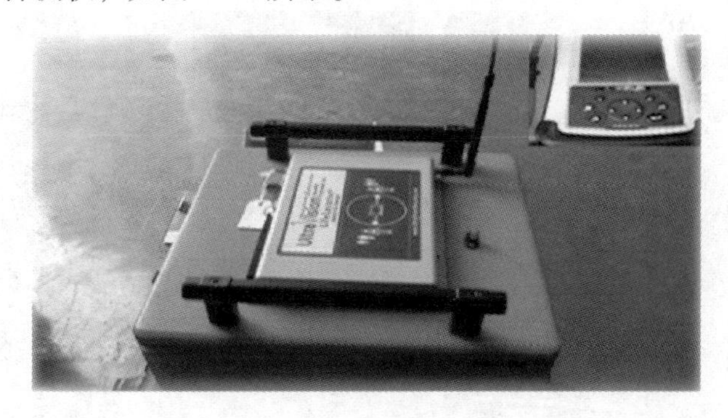

图3－1 雷达生命探测仪

3.1.1 特点及用途

雷达生命探测仪抗干扰，防噪声，操作简易，在多种气候条件下都可以工作；敏感度：30s发现目标，2min确认；穿透深度：混凝土3～4.5m，碎石，瓦块等达6～8m，雷达生命探测仪分别在5m（对于呼吸）和7m（对于移动）的范围内探测存活的人，系统可以在3min内搜索125m^3的空间区域，提供遇险者的位置信息以便具体决策。

雷达生命探测仪系统在判断搜索区域内不存在任何存活的遇险者时，由于人和人之间的差异，生命体征的不同，以及废墟的组成材料的区别，可信度达80%。

3.1.2　结构示意图（图 3－2）

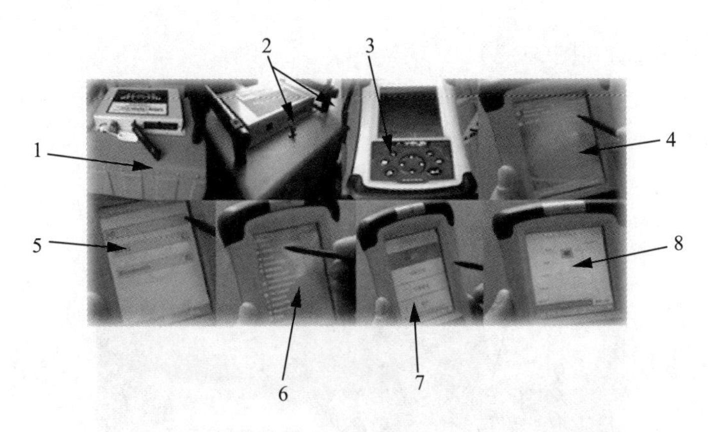

图 3－2　雷达生命探测仪结构示意图

（1）雷达生命探测仪电池安装口及电池；

（2）电源开关及无线接收天线；

（3）雷达生命探测仪遥控器操作多功能键；

（4）（5）（6）为触摸显示屏操作程序；

（7）数据采集显示。

注意：雷达生命探测仪器底部必须对准探测的地方。

3.1.3　组　成

3.1.3.1　传感器

传感器包含可编程的固件。传感器产生的信号通过无线传输传送给掌上电脑（PDA 控制器）进行显示。一个超宽频信号发送器；一个返回信号的接收器；一台用于读入接收器的信号并进行算法处理的电脑。传感器电池有效时间为 4h。

3.1.3.2　控制器

控制器是一个掌上电脑，用来显示是否有存活的遇险者以及遇险者的大致位置。掌上电脑交流充电器有坚硬外套，防水。电池有效时间为 1.5h（可以热换）。

3.1.4 生命探测仪的操作

3.1.4.1 启动（图3-3）

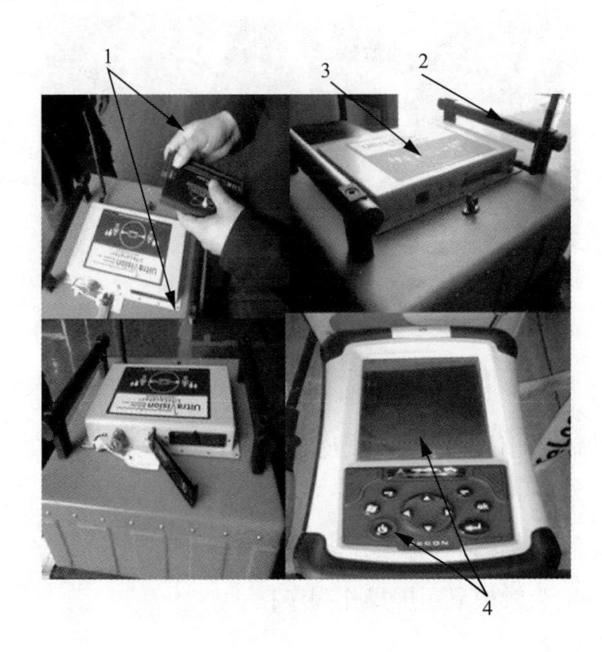

图3-3 生命探测仪操作步骤图

（1）将充好电的电池插入传感器背部的电池槽，盖上盖板；

（2）在传感器背部找到无线通信天线（天线是细长的黑色的约18cm长的小杆），将天线旋转至和传感器表面相垂直的位置；

（3）打开传感器电源开关。紧邻开关的一个蓝色指示灯会亮；

（4）按控制器电源开关按钮一次，等待大约10s，控制器预热，装入生命节奏程序。当传感器的红色指示灯亮了以后，用触笔或者键区的键来选择菜单。

3.1.4.2 设置

（1）打开电源。

首次打开电源的时候，开关旁的一个蓝色指示灯会亮。大约30s以后，紧邻蓝灯的红色指示灯会亮。红灯亮表示传感器已经和控制器建立了通信联系。当通信联系成功建立起来以后，一旦数据在传感器和控制器之间传送，红灯会变绿。在选择菜单之前，一定要确认红色指示灯是亮的。

（2）两个灯都亮后，选择维护 Maintenance > 设置 Setup。

（3）数据采集如图3－4所示。

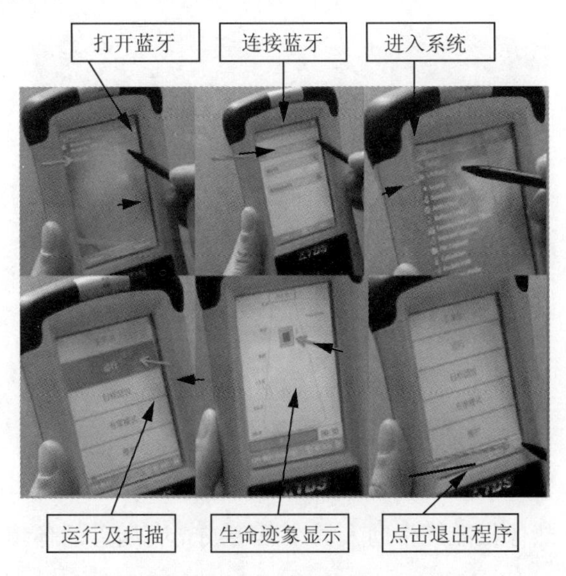

图3－4　生命探测仪数据采集示意图

初始化系统 SystemInit：准备好采集数据后，在主屏上选择初始化系统‘SystemInit’。系统初始化完成并且通信建立起来后，红灯会变绿。

深度 Depth：探测深度设为20ft，也就是6.1m。原始数据 RawData：在开始记录数据之前，等大约5s直到数据显示在屏幕上（以波纹的形式）。这是数据实时显示，但是不会被储存。如果看到波形，说明传感器工作正常。

（4）退出。

按屏幕右下角的“OK”圆形按钮两次，退回到主屏（或者按键区上的回车‘Return’键）。

3.2　热像仪

热像仪，如图3－5所示。

图3－5　热像仪

3.2.1　概　述

美制ISI2500热像仪能够帮助人员在黑暗或充满烟雾的环境中辨别方向及物体的能力。ISI3500热像仪设计的目的是应对恶劣的火灾环境，便于搜索、救援、火源定位、危险品和检查。

ISI2500热像仪在高强度使用或极端环境情况下，热像仪的使用寿命和电池工作时间可能会有所缩短。火场及周围环境不同，电池的使用寿命也不能固定于一个使用期限。当黄色LED灯灭，只剩下红色LED亮时，工作人员应迅速撤离火场。只有在电池充足的情况下，工作人员方可进入火场。火场环境对电池工作时间有直接影响，所以准确的工作时间因工作环境会有所不同。

ISI2500热像仪暴露在高热环境下过长时间或反复在高热环境下使用会对图像质量有一定的影响，还有可能损坏传感器。在高热环境下使用后要等完全冷却后再重新打开。

ISI2500热像仪在穿过玻璃、水面或其他反射物体时不能成像；无线电或其他电磁辐射可能会对ISI2500热像仪成像质量有一定影响。

3.2.2　基本参数（表 3－1）

表 3－1　热像仪基本参数

<table>
<tr><td>型　号</td><td>ISI2500</td><td>重　量</td><td>1.7kg</td><td>图像输出</td><td>EIA、525 线、60Hz</td></tr>
<tr><td>电　源</td><td colspan="2">7.2V、4.5Ah 可充电镍氢电池</td><td>工作时间</td><td colspan="2">最少 4h</td></tr>
<tr><td colspan="2">观测角度</td><td>50°×35°</td><td>热灵敏度</td><td colspan="2">100mK</td></tr>
</table>

3.2.3　主要组成（图 3－6）

图 3－6　热像仪主要组成示意图

ISI2500 的标准配置有：

（1）热成像仪；

（2）可充电镍氢电池；

（3）外（内）用充电套装；

（4）Kevlar 挂带。

3.2.4　操作（图 3－7）

3.2.4.1　安装电视

首先安装热像仪电池，将热像仪电池沿着轨道向内插入（红色按钮朝外）；

拆卸电池时，将热像仪按钮打开，然后将电池向外滑动取出。

注意：严禁在电池卡扣未完全扣紧情况下使用热像仪。

3.2.4.2　黄色键操作

开机：按下黄色键约1s后放开，大约3s后，成像仪屏幕上会成像。关机：按下黄色键约3～5s，图像消失后放开。

3.2.4.3　电力系统模式

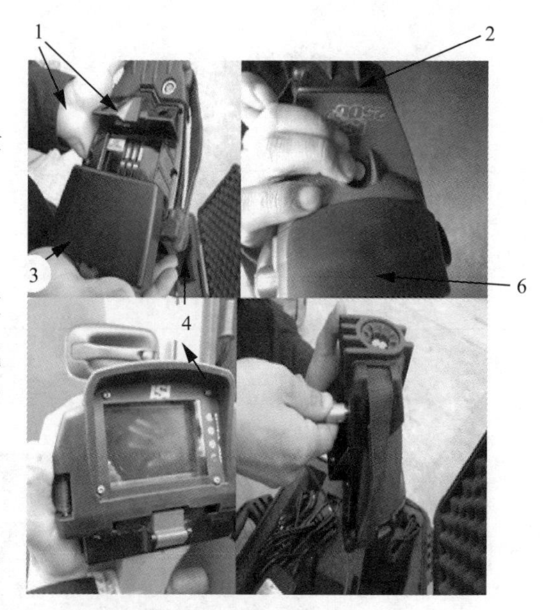

图3－7　热像仪的操作示意图

成像仪的传感器和电力系统均设计成自动控制，在高温的环境中保证有高清晰的图像质量，当温度达到93℃时，热像仪会切换到EI式，EI会显示在屏幕上。

3.2.4.4　电池电量

电池电量指示由一组安装在热像仪屏幕右侧的LED指示灯来指示。LED灯包括2个绿色LED灯，上端的绿色LED会工作大约30～45min；第二个绿色LED和黄色LED会工作大约3h。红色LED会工作大约15min。当电池电量下降时，黄色LED灯会自动关闭；当红色LED灯工作时，工作人员必须马上撤离危险区域。

注意：由于作业现场环境存在未知因素，而环境直接影响电池的工作时间，因此，不能够确定红色LED灯亮起能否使用15min。

3.2.4.5　传感器温度警示

成像仪内部温度可能会达到工作温度，所有的LED都开始闪烁。当有报警显示时，工作人员应该立即离开危险场所。

注意：由于火场危险环境各不相同，所以报警提示在屏幕上显示后，无法显示传感器剩余工作时间。

3.2.4.6　内置充电器

连接内置充电器，将电源线连接在充电器接口。将电源线与电源相连，如果安装正确的话，红色 LED 灯会工作。在连接内置电源前，一定要先关闭热像仪，并将传感镜头面向自己。将内置充电器末端插口上的红点与热像仪上插口上的红点对齐后，将插头塞入。

3.3　德尔格 PACIII 单一气体检测仪

德尔格 PACIII 单一气体检测仪，如图 3－8 所示。

3.3.1　简　介

PacIII 检测仪的特点是强大的声光报警，超大屏幕显示，使用简单，且配有智能化传感器。

3.3.1.1　坚固的外壳

ABS 金属外壳，重量轻，易于携带，也经得住冲击。偶然掉在地上或是沉到水里，仍可以进行检测和报警。外壳的“O”型密封圈防尘、防水。蜂鸣器和传感器内腔密封防尘。

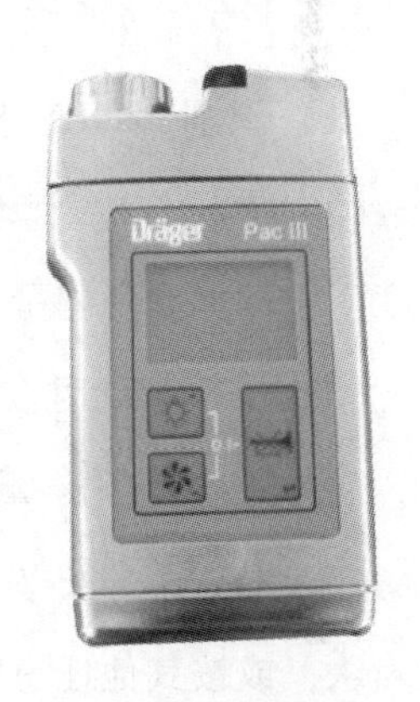

图 3－8　德尔格 PACIII 单一气体检测仪

3.3.1.2　防射频干扰

镀铬外壳可以有效地防止潜在的无线电射频干扰 RFI，这就意味着当你靠近仪器使用步话机时，也不会引起错误报警。除了有效地防止 RFI，金属十 L 壳还可以防热辐射，金属最有价值的特点是它们可以耐高温。

3.3.1.3　操作简单

PacIII 小而坚固且易于使用，简单的三键操作，开机、关机和查看需要的常规数据（例如，电池电量）均只需使用仪器面板上的 3 个键即可。确认报警和激活背景照明也清晰地标明在 3 个键上。

3.3.1.4 显示屏

超大屏幕一直给使用者提供信息。为了快速地分析环境状况、气体浓度持续以大号字显示。在浓度下方是被测气体和测量单位（ppm 或% Vol）及报警级别（A1 和 A2）。显示屏最下方是为了显示一些特殊符号保留的。例如，电池符号表明电池报警或警告，并显示信息和符号。

3.3.1.5 菜单功能

标定和报警设定等功能通过简单语言的菜单命令完成。这些功能都有密码保护。三个键的功能是向上，向下和回车帮助您浏览菜单。

3.3.1.6 功能键

（1）识别 PacIII：按“ / ▲”键——显示：仪器 ID 和气体类型。

（2）开机：按“ /↵”键；信息屏显示——wait（稍后），然后是气体浓度、气体类型和测量单位。

（3）关机：同时按“ / ▲”和“* / ▼”键至少 1s。

（4）按“ / ▲”键，显示屏照明灯亮 10s。

（5）热键标定新鲜空气：按“* / ▼”键 3s 以上，然后按“ /↵”键确认，或按其他任意键取消步骤。

（6）信息模式：按键“ /↵”键——显示：信息屏，下一屏显示：同上。

（7）菜单模式：按“ /↵”键 3s 以上 - 显示菜单选项。

3.3.2 技术参数（表 3-2）

表 3-2 德尔格 PACIII 单一气体检测仪技术参数

尺寸	67mm×116mm×32mm
质量	200g
环境条件	-20~50℃连续工作；-40~55℃短时工作
电池寿命	碱：600h；锂：1000h；镍氢：200h
声报警	电磁蜂鸣器 95dB（A）30cm 内
光报警	2 个高强度 LED

续表

报警信号	A1，A2，TWA，STEL 和低电量；ACGIH 或 TRGS402 报警
防护等级	IP－66
数据存储扩展型	>125h，平均每分钟1个

3.3.3 操　作

（1）开机：按“🔇/↵”会发出一声短促的嘟声，显示屏显示下列信息：仪器类型和软件版本号；日期和时间；气体类型和测量范围阈值；报警设置点A1和A2；暴露测算状史，只对于有毒气体；气体类型、单位和“稍后”字样。

（2）关机：同时按“☼/▲”和“✱/▼”键至少1s。

（3）触发报警。

①超出或低于浓度报警的报警点；

②超出暴露报警TWA的报警设置点；

③电池电源不足；

④仪器和传感器出现故障。

（4）超出测量范围阈值显示“++++++”而不显示测量值。

（5）信号为负显示“----”而不显示测量值。

（6）出现警告报警左下角出现特殊符号“i”，仪器仍能使用，但受限制。

（7）出现故障报警左下角出现特殊符号“~”。

（8）启动暴露评估。

最末一行出现“H”符号。

（9）确认报警。

报警由有节奏的信号声和红色报警灯构成。

a. 浓度预报警A1

间断式声音信号和闪烁的红色报警灯。

显示测量值，交替显示测量单位“A1”和气体类型。按“🔇/↵”，信号声关闭。红色报警灯和交替显示的测量单位与“A1”只有在测量值降至报警设置点以下时才能消失。

b. 浓度主报警

间断式声音信号和闪烁的红色报警灯。

显示测量值，交替显示测量单位“A2”和气体类型。

警示：在浓度主报警情况下，立即离开危险区域，主报警为自锁设置，不能确认或消除。

（10）用软管探头进行测量。

①将标定罩放在传感器盖上。

②将软管探头外置泵连到标定罩上 2 个接头中的一个上面，从泵中抽入气体，然后输入仪器中。

3.4 GasAIerMicro 四合一气体检测仪

四合一气体检测仪可同时检测氧气、硫化氢、一氧化碳和可燃气体。检测仪如图 3－9 所示。

图 3－9 GasAIerMicro 四合一气体检测仪

3.4.1 检测气体种类及范围

LEL 量程 0～100% LEL 或 0～5% CH_4；

O_2 量程 0～25% Vol；

CO 量程 0～999ppm；

H_2S 量程 0～200ppm。

3.4.2 使用范围

GasAIerMicro 四合一气体检测仪广泛应用于农业、化工、建筑、电力、消防、天然气、一般工业、有毒材料、钢铁业、石油石化、污水处理。可燃气体环境、狭窄空间、泄露、缺氧、有毒气体环境。

3.4.3　各部件名称

GasAIerMicro 四合一气体检测仪各部件名称分别如图 3－10 和图 3－11 所示。

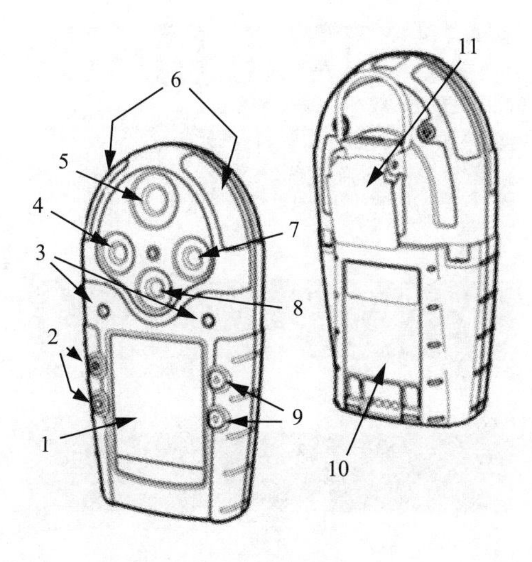

图 3－10　部件名称（Ⅰ）

1—液晶显示器；2—按钮；3—声音警报；4—H_2S 硫化氢传感器；5—有毒气体传感器 CO_2；6—可视警报光柱（LEDs）；7—爆炸下线传感器；8—氧气传感器；9—按钮；10—电池组；11—鳄鱼夹

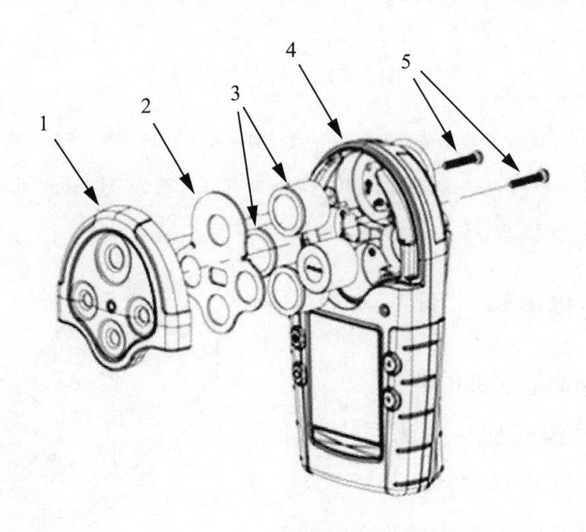

图 3－11　部件名称（Ⅱ）

1—传感器盒盖；2—传感器过滤器；3—传感器；4—探测器；5—机器螺丝（2）

3.4.4 屏幕显示（图3-12）

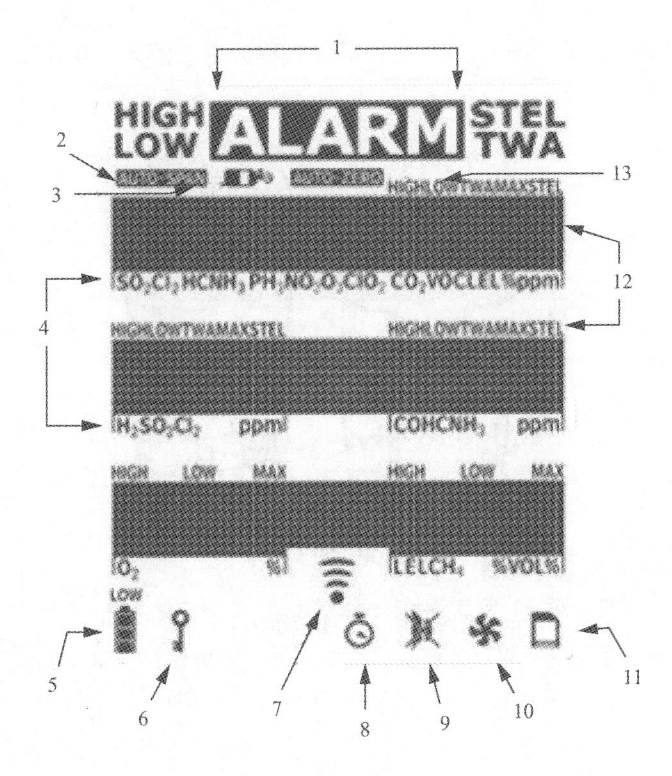

图3-12 屏幕显示器

1—警报状况；2—自动量程校正传感器；3—气瓶；4—气体标识光柱；5—电池寿命指示灯；6—密码锁；7—数据传输；8—时钟；9—秘密模式；10—泵指示灯（可选）；11—数据记录卡指示灯（可选）；12—最大气体暴露值（MAX）；13—自动传感器归零显示

3.4.5 更换电池（图3-13）

（1）打开探测器底部的插销；

（2）将电池组底部从探测器中向上提起，取出电池；

（3）用充满电的锂电池组替换电池组；

（4）合上插销。

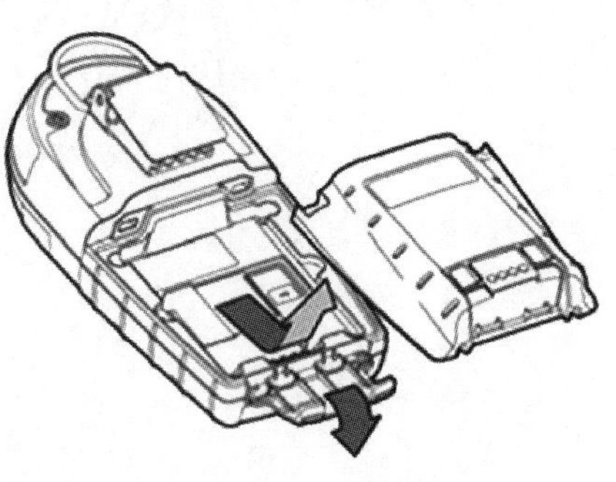

图3-13 更换电池示意图

3.4.6 操作按钮

GasAIerMicro 四合一气体检测仪按钮操作见表 3－6。

表 3－6　操作说明表

按　钮	说　明
电源按钮	（1）要启动检测仪器，请按住"电源按钮"； （2）要关闭检测仪器，请按住"电源按钮"
上箭头按钮	（1）要使显示值增加，或向上滚动，按下"上箭头按钮"； （2）要进入用户选项菜单，同时按住"上箭头按钮"与"下箭头按钮"，直到完成倒计数； （3）要清除 TWA、STEL 和最大（MAX 气体暴露浓度读数，同时按住"空白按钮"与"上箭头按钮"； （4）要查看日期与时间，所有传感器的报警设置点（TWA、STEL、低与高）以及爆炸下限校正系数（选项）请按下"上箭头按钮"
下箭头按钮	（1）要使显示值减少或向下滚动按下"下箭头按钮"； （2）要开始校正和设置警报设定值，请同时按住"空白按钮"与"下箭头按钮"，直到完成倒计数
空白按钮	（1）要查看 TWA、STEL 和最大气体浓度（MAX），请按"空白按钮"； （2）要确认收到锁定警报，按"空白按钮"

第4章 切割破拆类

4.1 柏山液压动力站/破碎镐使用操作规程

该设备专为液压破碎镐液压冲击钻等设备提供动力，如图4－1所示。

图4－1 柏山液压动力站

4.1.1 技术参数

柏山液压动力站/破碎镐技术参数见表4－1。

表4－1 柏柏山液压动力站技术参数表

<table>
<tr><td>型号</td><td colspan="3">液压动力站 U－070</td><td colspan="2">最高压力</td><td>11.7MPa</td></tr>
<tr><td>发动机油量</td><td>7L</td><td>液压油量</td><td colspan="2">（ISOVG32）4L</td><td>发动机</td><td>罗宾 7HP EX21</td></tr>
<tr><td>机油量</td><td colspan="3">（SAE10W－30）1.2L</td><td>流　量</td><td colspan="2">25.5L/min</td></tr>
<tr><td>延长油管长度</td><td colspan="3">5m</td><td>破碎镐质量</td><td colspan="2">21kg</td></tr>
<tr><td>打击数</td><td colspan="3">1800bpm</td><td>镐仟柄长度</td><td colspan="2">6 角 108mm</td></tr>
</table>

4.1.2　示意图

柏山液压动力站/破碎镐结构如图 4－2 所示。

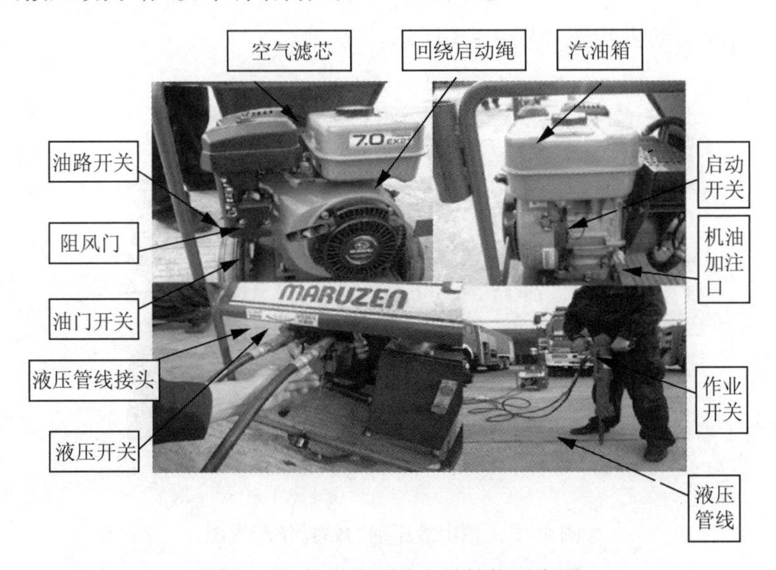

图 4－2　柏山液压动力站结构示意图

4.1.3　使用柏山液压动力站/破碎镐时必须检查的项目（表 4－2）

表 4－2　柏山液压动力站使用时检查项目表

序号	检查项目	处理方法
1	头部螺帽松紧	松时拧紧
2	把手是否松动	松时拧紧
3	油管接头是否松动	松时拧紧
4	把手防震橡胶的老化程度	必要时更换
5	钎镐锁紧柄的磨损情况	磨损到超过尺寸范围时更换
6	工具的裂痕	有裂痕时更换
7	各部件有无渗油	渗油时到售后服务检查
8	控制手柄裂纹	有裂痕时更换

4.1.4　液压动力站操作

（1）使用前的检查。

①确认发动机机油量，在上刻度和下刻度之间；

②确认油压作动油，油箱的油面在上刻度和下刻度之间（不符合要求可以添加）；

③燃料箱注入优质汽油，容量7L。

（2）启动发动机步骤如图4－3所示。

图4－3　柏山液压动力站操作示意图

①打开点火开关；

②打开燃油开关；

③把调速柄从低速向高速方向转至1/3；

④关闭风门；

⑤液压开关朝始动时方向转；

⑥慢慢拉动发动机的启动绳，当手感到沉重时，再拉有轻松感觉，这时让启动机回到原点，再用力拉，启动发动机，启动绳不要全部拉出。发动机启动后，让启动绳慢慢回到原点。

发动机开动后，全部打开风门，慢慢运转3min，在冷天或发动机冷机的情况下，突然加大油门，发动机有可能熄火。

机械运转，油门开至高速位置，在不使用破碎镐时，请把发动机油门调到低速位置上，防止噪声和节约燃料。

4.1.5　注意事项

（1）在操作、检查、修理中不准抽烟；

（2）注意机械的放置，防止无人时机械的翻倒；

（3）离开机械时，必须关闭发动机；

（4）发动机高温时、运转中，不准补充燃料、液压油；

（5）补充燃料液压油时不准抽烟；

（6）修理中取下的部件必须按原样装上；

（7）操作、检查、修理作业时必须使用保护用具；

（8）关闭燃料箱开关后，再进行燃料补充；

（9）燃料溢出时，请擦干后再启动；

（10）发动机启动时，请确认周围安全；

（11）禁止酒后操作。

4.1.6　定期保养管理表

定期保养管理见表 4－3。

表 4－3　柏山液压动力站定期保养管理表

周　期	点检项目－顺序－要领
每次使用前	（1）液压动力站有否漏燃料；（2）有否发动机油；（3）有否制动油；（4）油管接头有否松动；（5）工具的裂痕；（6）液压动力站破碎镐各部件有否渗油；（7）清洗液压动力站发动机的空滤；（8）液压泵附近是否漏油；（9）异常振动的声音
每 50h	（1）更换液压动力站发动机机油；（2）清扫液压动力站的空滤；（3）清洗液压动力站点火器；（4）清扫液压动力站发动机排气部
每 100h	（1）更换液压动力站作动油；（2）清扫液压动力站冷凝器；（3）检查液压动力站发动机点火器
每 200h	（1）更换液压动力站发动机的空滤；（2）更换液压动力站发动机点火器；（3）更换液压动力站空滤；（4）更换液压动力站机滤；（5）清扫液压动力站作动油箱；（6）清扫液压动力站机滤
每 300～500h	检查调整液压动力站发动机吸排气处间隔。（1）除去液压动力站油缸头处的碳化物；（2）清扫液压动力站汽化器；（3）检查、调整液压动力站吸排气处
3 年以上	液压动力站发动机需要检修

4.1.7 破碎镐操作

破碎镐操作如图4-4所示。

图4-4 柏山液压破碎镐操作示意图

(1) 把镐头插入液压泵中，并锁好锁销；

(2) 液压泵和管线连接好；

(3) 使液压传动开关旋转到作业时；

(4) 按下控制手柄进行操作，停止后开关自动弹起，停止作业。

注意：休息或工作结束时，依次关闭油源，降低发动机转速，进行1~2min后关闭发动机。

4.1.8 注意事项

(1) 只要控制杆一被压，破碎镐的打击作业就会开始；

(2) 使用破碎镐的标准姿势是两脚平衡地站稳于地面，两手扶着手扶杆，当姿势在完全平衡的状态下才开始作业；

(3) 装有工具的破碎镐在横向作业时（如无被击物在前，工具有从破碎镐飞出的可能），破碎镐和被击物必须在成垂直时打击；

(4) 当被击物已经裂开时，手应立即放开控制杆，停止打击动作（空打，破碎镐会造成镐钎、锁把等处的损坏）；

（5）在同一个部位打击超过 30s，却不能击破时，必须更换打击部位，否则工具有被夹住而无法拔出的可能；

（6）没装工具的破碎镐空打不能超过 10s；

（7）作业完成后，必须把控制手柄与防震把手分离开，使破碎镐处于非工作状态；

（8）作业时需要穿合适的工作服，必要时戴安全防护罩；

（9）禁止在过度劳累、睡眠不足、身体不适、饮酒、吃药的情况下操作机器；

（10）工作时操作者以外的其他人员不要进入作业点 5m 以内的区域。

4.1.9　故障排除（表 4－4）

表 4－4　柏山液压破碎镐故障排除表

异常现象	主要原因	
握住控制板无打击	1. 没有接上油管 2. 接头没有接好 3. 控制阀破损 4. 控制阀作用良 5. 动力站发动机停止	1. 接好油管 2. 检查接头 3. 更换 4. 分解消除垃圾 5. 启动发动机
打击力小	1. 动力站流量小 2. 动力站节流阀设定压力低 3. 控制阀作用不良 4. 液压动力站的液压油不足	1. 检查发动机回转泵和油压泵 2. 调整压力 11.7MPa 3. 分解清除垃圾 4. 补充液压油
打击数正常 打击力小	1. 氮气室的氮气压力低 2. 氮气室的皮碗破损	1. 补充氮气 2. 更换
使用中突然停止	1. 接头松动 2. 控制阀破损	1. 检查接头 2. 更换
控制柄漏油	1. 密封圈破损	1. 更换
镐尖端处大量漏油	1. U 型圈磨损 2. 活塞的移动部上的伤及锈会引起密封件的损坏	1. 更换 2. 检查更换
镐钎锁紧柄易松动	1. 弹簧销损坏 2. 锁紧柄磨损	1. 更换 2. 更换
高压油管震动激烈	1. 皮碗损坏	1. 更换
松开控制把手，不停止	1. 阀开关处有异物	1. 分解清除

4.2 混凝土链锯操作规程

混凝土链锯可切割混凝土、石头等非金属材料，如图4－5所示。

图4－5 混凝土链锯

4.2.1 技术参数

混凝土链锯技术参数见表4－5。

表4－5 混凝土链据技术参数表

发动机	二冲程，气冷式
排气量	101cc
马 力	6.5HP（4.8kW）@8700r/min
汽化器	WalbroWGAK3，节气门轴密封式
怠 速	2500～2800r/min
发动机	二冲程，气冷式
排气量	101cc
马 力	6.5HP（4.8kW）@8700r/min
汽化器	WalbroWGAK3，节气门轴密封式
怠速	2500～2800r/min
无负载最高转速	11，500+/－500r/min，机械稳速
点火器	硒电子整流器－防水
燃油比	4%，（25:1 汽油/二冲程润滑油）
油箱容量	1L
离合器	离心式，三靴，单簧
含链及链板重量	12.5kg
链板长度	30cm或36cm
实际切割深度	27cm或34cm

续表

振　动	前把处每秒 8m²
噪　声	102dB（1m 处）
水压要求	最小：2. 5bar，建议：5. 5bar，最大：11bar。（注：用密封王金刚石链条（SealPro）所需最低水压为 1. 4bar）
水流量要求	至少 15L/min
链速	25m/s（空转）
发动机走合时间	在无负载、周期性变化节气门情况下用完一箱油

4. 2. 2　示意图

混凝土链锯结构如图 4 – 6 所示。

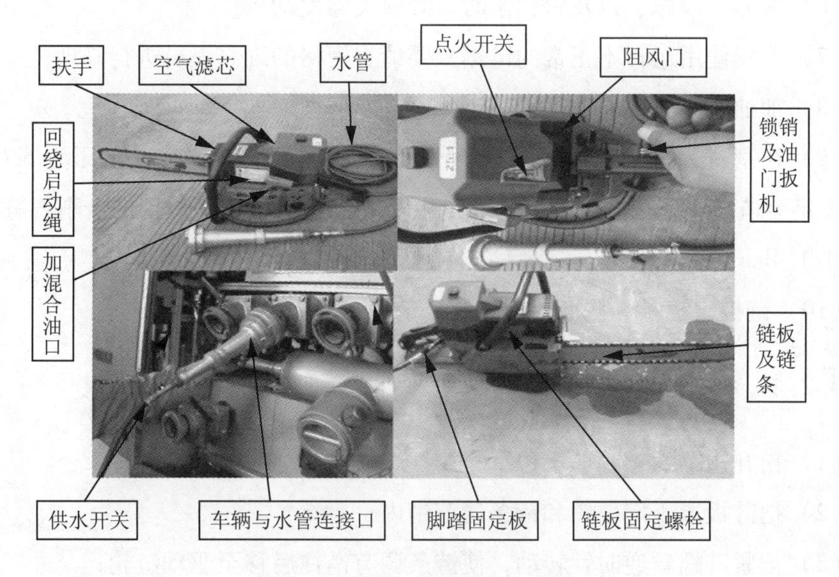

图 4 – 6　混凝土链锯结构示意图

（1）请使用高质、无铅、辛烷值为 90#的汽油，高质量二冲程发动机润滑油，燃油混合比为 25∶1 汽油/润滑油混合，绝不能使用四冲程发动机润滑油代替二冲程润滑油。调配量不要超过一个月的用量，以防润滑油分解和汽油挥发；

（2）链条不要太紧，应能用手沿着链板扯动，链条内齿垂在链板下为正常；

（3）如果发动机不好启动，应检查火花塞点火是否良好。

4.2.3 操作前注意事项

（1）如发现链锯有损坏、变形、开裂或者边罩、底罩、护板缺损，不可使用。这些装置能防止转动部件接触、飞出的碎石、断链片，水和泥石混合物飞出伤人；

（2）不可倒装或倒转链条，缓冲齿必须朝向被切割物体；

（3）不可把链锯插入窄于链齿的夹缝中，这会造成急剧反冲；

（4）不可使用受损坏，变形，或修理不当的链条；

（5）不可切割铸铁管，因为链齿会脱落或断链；

（6）保养、检修、以及紧链条时，必须关停发动机；

（7）严禁使用运转不正常的链锯，要请有资格的维修人员进行修理；

（8）加油前要关停发动机；

（9）切割时，链锯上的水压表至少要有 2.5bar 水压。建议水压为 5.6bar，供水不足会造成链条快速磨损，从而发生断链（注：具有密封王的金刚石链条需要最小 1.4bar 水压）；

（10）链板、链条、侧面罩壳未装妥前严禁启动发动机。

4.2.4 链板与链条安装

（1）松开边罩螺帽，取下边罩；

（2）把链板置于定位销和链条调节销内；

（3）把紧链螺丝逆时针转动，使链条调节销往后移至驱动链轮；

（4）从驱动链轮处开始装链条，然后顺移至链鼻处；

（5）确保所有链条内齿被置于链板槽内，然后将链条调整到合适的位置；

（6）装上边罩，拧紧边罩螺帽；

（7）用手在链板上方沿链板拉动链条，链条垂在链板下是正常的。这样可使链条在转动时松紧交替；

（8）提起链板前端，收紧链条，链条收紧的程度，以能用手拉动转圈为合适；

（9）继续提着链板前端，紧固边罩的螺帽。

4.2.5　启动与关机（图 4－7）

（1）把点火开关切换到启动位置，冷机启动拉出阻风门杆；

图 4－7　混凝土链锯启动后关机操作示意图

（2）按下安全开关，同时扣住节气门扳机，然后按住节气门锁钮，这样把节气门锁定在启动位置上；

（3）连接水管，将开启水阀 1/4 圈，一旦链锯转动，马上开足水阀；

（4）把链锯置于空地上，将右脚踏住链锯后把手的底部，左手握住前扶手，用右手慢慢拉动启动绳，直至启动棘齿咬合，然后用力一拉。让启动绳自动回绕，如启动未成功，再拉一次，注意链条不要接触物体；

发动机点火后，马上推进阻风门杆，发动机启动后，扣一下扳机使锁住的扳机解除，让发动机怠速运转，由小到大调几次节气门，帮助发动机预热。

热机启动，与冷机启动程序相同，只是无须关阻风门，如果关了阻风门，汽化器将会溢满燃油。如发动机被燃油“噎死”，推入阻风门杆，握住节气门扳机使节气门全开，然后拉启动绳，直至发动机启动。

（5）关机时，把点火开关切换到“STOP”位置，关闭水阀。

4.2.6 故障分析（表4－6）

表4－6 混凝土链锯故障分析表

发动机未达最大转速	空滤芯或反唾屏脏
链条速度慢	链条太紧，应能用手沿着链板扯动，链条内齿垂在链板下为正常
切割速度慢	金刚石可能被磨光，在摩擦系数高的材料，如煤渣砖上切割几刀，让金刚石颗粒裸露出来
链条过早伸长	水压不足，切割时需要最低水压2.5bar，为延长链条寿命，建议水压为5.5bar
紧链器断裂	边罩螺丝未上紧，要拧紧到27N·m
水不流动	水管打结或水源未启动
不能启动	检查点火开关是否打开，也可能火花塞损坏
不能启动	气缸压力低，造成原因可能是燃油比例不对
启动困难	发动机可能富油而被“噎死”，开启点火开关，推进阻风门，用脚背把节气门顶到全开，拉动启动绳直至发动机启动
启动困难	火花塞有问题，取下后用钢丝刷并调整间隙后再试
断链	链条装反，缓冲齿应在金刚石块前切向物体
断链	切割时前进推力不够，避免链条跳动好抖动

4.3 机动链条锯操作规程

机动链条锯操作简单，携带方便，能迅速破拆锯断木制材料等，如图4－8所示。

图 4－8　机动链条锯

4.3.1　主要部件

机动链条锯主要部件如图 4－9 所示。

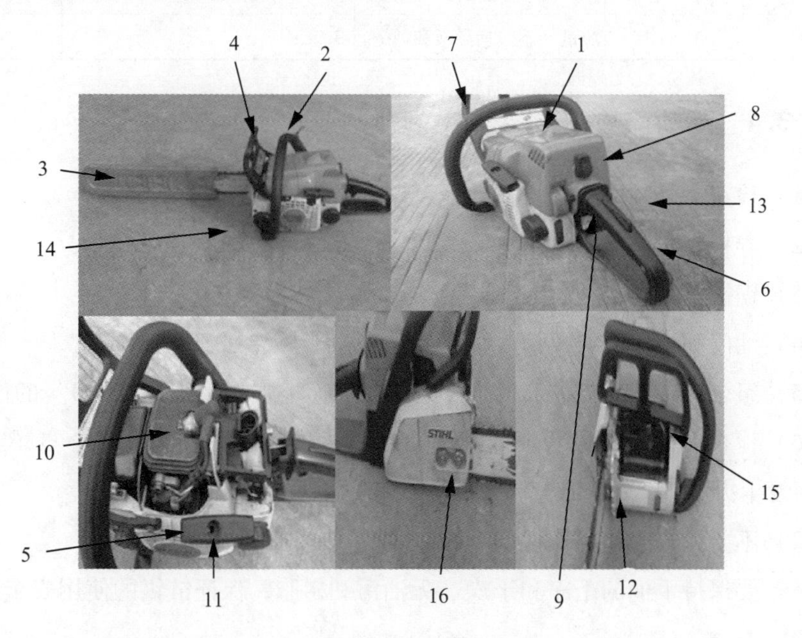

图 4－9　机动链条锯结构示意图

1—机罩旋钮；2—链锯制动器；3—链轮罩；4—Oilomatic 链锯；5—启动手柄；6—后手柄；7—前手柄；8—组合移动开关；9—油门；10—火花塞插头；11—燃油箱盖；12—锯链调紧装置；13—油门卡；14—（链条）润滑油；15—消声器；16—固定挡板螺栓

4.3.2 机动链条锯的特点

本产品是日本进口，体积小、重量轻、携带方便，适合高空及陆地使用，主要适用于林场、森林、田野、公路、铁路和线路清障。

4.3.3 技术参数（表4－7）

表4－7 机动链条锯技术参数表

STIHL 单缸、二冲程发动机		MS180		活塞工作容积	31.8cm
气缸直径		38mm		活塞冲程	28mm
功率依据 ISO 7293		1.5kW		空载转速	2800r/min
声压级 Lpeq 依据 ISO 7182		97dB（A）		左手柄	6.6m/s
声功率级 Lweq 依据 ISO 9207		106dB（A）［107dB（A）］		右手柄	7.8m/s
功率	1.1hp	油箱容量	0.55L	转速	7500r/min
排量	31.5cc	质量（不包括导板和锯链）	3.9kg		

4.3.4 启动前检查

（1）检查锯链制动器的操作性能及前手防护挡；

（2）导板安装正确；

（3）锯链调紧度合适；

（4）油门和油门卡要灵活，油门必须自己能够弹回到空转位置；

（5）组合移动开关/关闭开关必须很容易地调到“STOP”或“0”的位置；

（6）检查火花塞插头是否插紧，如果插头松动，冒出的火花会点燃油气混合物而发生火灾危险；

（7）不要擅自改造操作和安全装置；

（8）要保持手柄的干净和干燥、无油污和树脂，保证链锯的使用安全。

4.3.5 润滑油和燃油要求

（1）只许使用优质二冲程机油，最好是 STIHL 二冲程机油；

（2）针对配备触媒转化器型号的混合燃料，仅能使用 STIHL50:1 二冲程机油。如果没有该机油，只能使用专为风冷发动机配制的优质二冲程机油；

（3）混合比例为 STIHL50∶1，即 50 份汽油 +1 份机油。其他高质量二冲程机油为 25 份汽油 +1 份机油。

4.3.6 启动步骤

机动链条锯的启动步骤如图 4－10 所示。

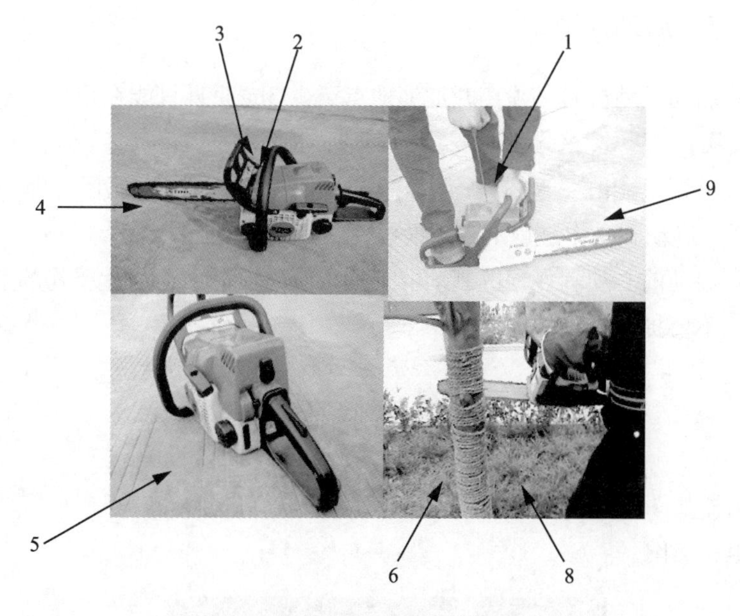

图 4－10　机动链条锯启动示意图

（1）将手防护挡往前推锁住锯链；

（2）按下油门卡，同时压住油门；

（3）把组合开关打开（上方）；

（4）把链锯安全地放到地面上，确认你站立得稳固，锯链不许接触任何物体或地面；

（5）左手握住前把手，用力把链锯压向地面，拇指放在手柄下面；

（6）把右脚放在后面的手柄内，用右手轻轻拉起启动手柄，直到止挡位置，然后快速用力拉动，同时向下压前把手。注：不要将启动绳完全拉出，它有可能断裂。不要让启动绳自由弹回，应缓慢地垂直将其导回到机壳中，这样启动绳可以很好地卷起来。只要发动机启动起来了，就要立即轻点组合开关，跳到运转位置，同时发动机进入空转状态。否则会损坏机壳或锯链制动器；

（7）把手防护挡拉向前手柄，锯链制动器被放开，这时就可以使用链锯了。注意：一定在加速之前松开锯链制动器；

（8）工作结束后一定要调松锯链。在降温时锯链会收缩，不放松锯链，会损坏曲轴和轴承。

4.3.7 启动注意事项

（1）启动发动机时必须离开加油地点至少 3m 而且只能在户外，不要在密闭房间内使用；

（2）链锯只能由一人操作，不许其他人在作业范围内逗留，即使是启动时也是这样。启动和操作链锯不需要助手；

（3）启动前必须刹住锯链制动器，如果锯链旋转，会发生受伤的危险；

（4）不要提着链锯启动。

4.4 开门器使用操作规程

开门器如图 4－11 所示。

产地：美国。

图 4－11 开门器

4.4.1　功能介绍

液压开门器是当发生火灾、地震、交通事故等自然灾害或意外事故时，消防抢救人员可用液压开门器将钢筋防护栏等金属结构件打开，营救处于危险环境中的人或物，使救灾部门达到快速抢险救援的目的。液压开门器造型美观、开启能力强、性能可靠、重量轻、携带方便，是消防、交警以及其他部门抢险救援必备的小型救援工具。

4.4.2　技术参数

开门器的技术参数见表 4－8。

表 4－8　开门器技术参数表

额定工作压力	63MPa	最大开启能力	80kN
最大开口距离	100mm	质量	14.4kg
扩张力	9t	组件	开门器、手抬泵、软管 3m、箱子

4.4.3　操作方法

开门器的操作方法，如图 4－12 所示。

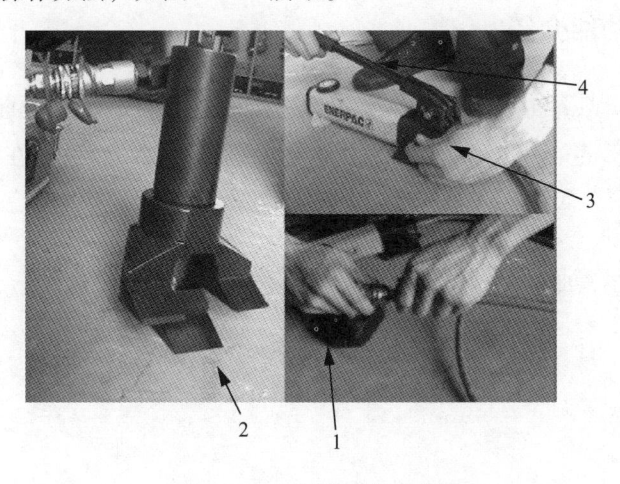

图 4－12　开门器操作示意图

（1）将连接头插到开门器上；

（2）将开门器放置到所需工作位置；

（3）关闭油泵开关；

（4）压下手柄作反复运动。

4.5 电动破拆工具套组操作与使用

电动破拆工具套组，如图 4－13 所示。

图 4－13 电动破拆工具套组

4.5.1 功能介绍

电动破拆工具套组可用于切割车顶柱、车门、方向盘和切割直径小于 16mm 的钢筋、钢板、链条，也可用于切割汽车内的刹车制动踏板并可在狭小的空间内进行扩张。

4.5.2 示意图

电动破拆工具套组结构，如图 4－14 所示。

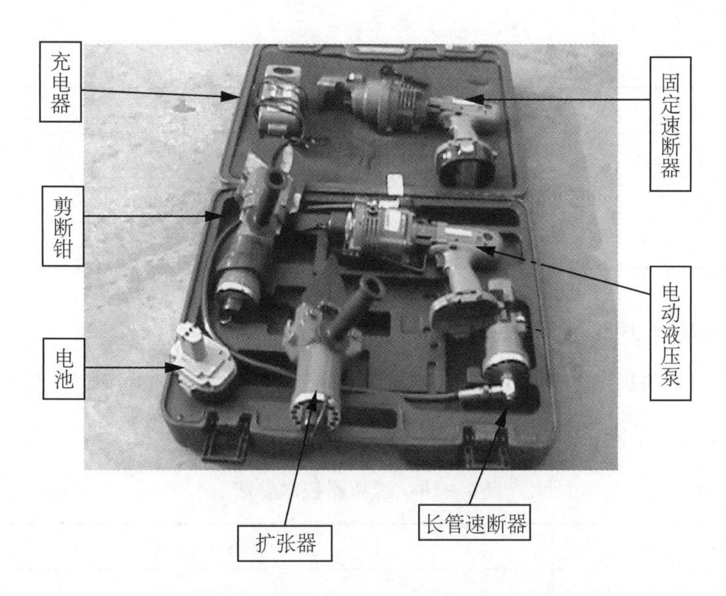

图 4－14　电动破拆工具套组各部分示意图

4.5.3　优点

（1）可互换切割头，所有的切割头都可以互换到机身上组成不同功能的液压救援工具。快速连接系统能保证切割头和泵机紧密快速连接，根据操作场合要求选择不同的切割刀头；

（2）便携方便，包括电池整个工具的重量在 10.6kg 以下，这非常方便用户能简单快速地携带；

（3）可在密闭空间实施救援，电动破拆工具组无有害气体、无多余管子，简易便携，在密闭空间，如火车、汽车、飞机上也能使用；

（4）可在狭窄空间实施救援，把切割刀头通过延长管连到泵机上，可以伸进不易够到的狭窄地方进行切割操作；

（5）可通过延长管将工具头和泵体连接。

4.5.4　技术参数

1. 剪断钳（表 4－9）

HRS－932 切割器适合用于切割车顶柱、车门、方向盘等。

表4-9　剪断钳技术参数

切割力	97.9kN（10.0t）
张开力	100mm
尺寸	382mm×186mm×104mm
质量	6.2kg

2. 速断器（表4-10）

HRS-923踏板/钢筋速断器既适用于切割直径16mm的钢筋、钢板、链条，也可用于切割汽车内的刹车制动踏板。

表4-10　速断器技术参数

剪断力	70.6kN（7.2t）
钢　筋（64kPa）	Φ16mm
钢　板（58kPa）	38mm×6mm
尺　寸	228mm×105mm×84mm　带1.1m管
质　量	5.2kg

3. 扩张器

HRS-934扩张器可以插进极狭小空间进行扩张，其参数见表4-11。

表4-11　扩张器技术参数

扩张力	33.3kN（4.0t）
扩张尺寸	158mm
尺　寸	352mm×121×78mm
质　量	5.4kg

4.5.5　注意事项

（1）除指定的电池和充电器，用其他电池和充电器组合可能会爆炸，造成损伤；

（2）正确给电池充电，给充电器提供规定的电源，不要用转换器如：调压器、直流电源、引擎发电机，这可能会导致电池过热，造成火灾。不要在低于10℃或高于40℃气温下给电池充电，这可能导致电池爆炸造成火灾。充电器不用的时候，断开电线插头和充电器的连接，否则可能会导致触电；

（3）不要直接连接电池两极造成短路，不要把电池放在装满螺钉等金属物件的包内，这可能会导致电池短路造成冒烟、火灾甚至爆炸；

（4）不要把电池和充电器放在潮湿的环境，不能和水接触，电池潮湿也会导致触电或冒烟；

（5）在操作时需要佩戴护目镜；

（6）在下列情况下，关闭充电器，从破拆工具中取出电池；

①充电器或电动破拆工具长期不使用或需要维修时。

②配件如刀头正在替换时。

③可以预见危险发生，否则可能会发生危险。

（7）不要把电池放在火中，电池爆炸会产生许多有害物质。

4.6　电动双轮异向切割锯操作规程

电动双轮异向切割锯，如图 4 – 15 所示。

图 4 – 15　电动双轮异向切割锯

4.6.1 特点

电动双轮异向切割锯广泛应用于消防救灾、应急抢险、电力、电信施工、民用建筑、拆卸工作等各种施工现场。切割范围广范、功能齐全：使用同一副锯片可同时切割钢、铜、铝、木材、塑料、橡胶、汽车玻璃等几乎所有的材料，使操作更加简单；切割过程平稳、无反冲力；采用双锯片反向切割，每一张片的切割速度及剪切力相同，但方向相反，互相抵消，使整个切割过程不需要用力即可轻松完成。

4.6.2 示意图

电动双轮异向切割锯结构如图 4－16 所示。

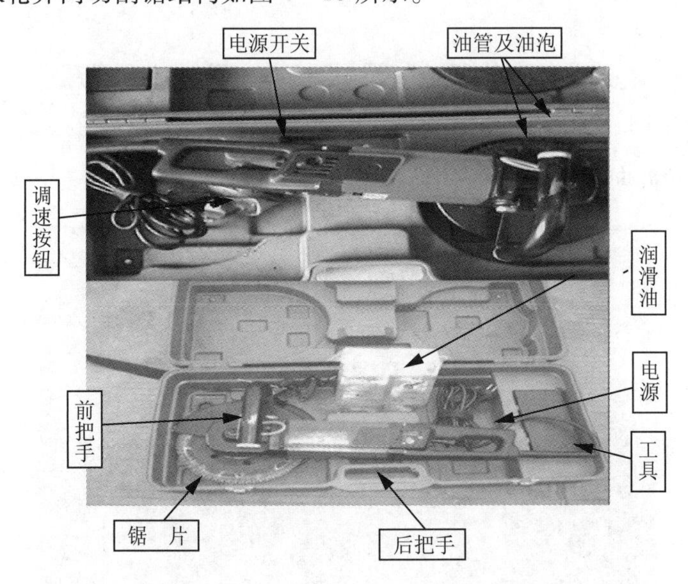

图 4－16 电动双轮异向切割锯结构示意图

4.6.3 启 动

（1）检查锯片：启动链锯前一定要检查锯片是否固定好，锯片固定盘的螺母是否拧紧，同时用手转动锯片固定盘，上面一片逆时针旋转，确信锯片能正常转动；

（2）接通电源：220V 交流电源即可；

（3）链锯启动：如果您确信上述工作已经做好，你就可以启动链锯了；

①低速（1900r/min）用右手食指将开关锁钮顶进，之后用中指和无名指将电源主开关按下，听到“咔”的一声，表示电源已经接通，这时食指可松开与中指一起按住电源主开关，持续 2s 链锯启动。

注意：此时不能进行切割，为了避免链锯在启动时产生震动，首次在手持式电动工具中引入了软启动功能，锯片的转速从零匀速提高到最佳工作转速，当听到链锯的声音平稳没有波动时表示链锯已经正常运转，即可以开始切割了。

②高速（2900r/min）首先将链锯启动，低速正常运转，然后用右手拇指按下调速按钮，此时高速指示灯发光，表示高速已启动，当我们听到链锯的声音平稳而没有波动时表示链锯已经正常运转，即可以开始切割了。

③如果要使链锯从高速回到低速，可继续按住电源主开关，移开按调速按钮的拇指，链锯的转速会自动回到低速。

（4）停止链锯：将按住电源主开关的右手松开即可停机。

4.6.4　润滑冷却

（1）注油：使用前首先将提锯把手加油堵拔出，把随机附送的专用油倒入加油泵，注意注入 80% 即可，不要加得太满，以免溢出；

（2）使用：新机器第一次使用时首先按三次橡胶注油按钮加油，之后在切割钢管、钢板、角铁等硬金属时建议每隔 30s 按一次橡胶加油按钮注油润滑，切割铝型材、铜材、塑料等较软或发黏的材料时，建议每隔 20s 按一次橡胶加油按钮注油润滑。在链锯停止切割前 10 ~ 15s 则不再需要注油，否则加到两锯片间的专用油会在链锯存放的时间慢慢由锯片间流到链锯护罩、机身及包装箱内。

4.6.5　安装锯片

（1）将链锯的主、副轴朝上放在平台上，取一锯片平滑面向下，中心孔和副轴凸台装配在一起，锯齿呈顺时针方向，然后将锯片上三孔对正副轴上三螺孔，拧上螺钉紧固即可，拧紧力不小于2N·m；

（2）另一锯片，锯齿安装顺时针方向像安装第一片锯片一样安装到锯片固定盘上，拧紧螺钉，拧紧力不小于2N·m；

（3）将装好锯片的链锯固定盘键槽对正主轴上的键安装到链锯的主驱动轴上，旋上专用螺母；

（4）取出专用扳手，把销子放在两锯片的槽里，将螺母拧紧，拧紧力不小于20N·m；

（5）用手转动锯片安装盘检查一下，下面一片顺时针旋转，上面一片逆时针旋转，确保锯片能正常转动。

4.6.6　使用方法

（1）平面铁板：锯片与铁板呈90°切割；

（2）角钢：锯片对角切割；

（3）U型材料：锯片要对角切割；

（4）方型管材：锯片要角对角切割；

（5）管材：锯片端面与管材端面平行切割；

（6）铝材：链锯必须配上润滑油，整个切割过程都需要使用润滑油。

4.6.7　锯片的更换

锯片更换时必须整付（2片）同时更换，严禁只更换单片，否则会加剧锯片的磨损，缩短锯片的使用寿命，如果单张锯片有超过3个锯齿崩断仍然继续使用，则该锯片将无法修复而报废。

4.7　内燃式破碎镐（BG231）使用操作规程

内燃式破碎镐（BG231），如图4－17所示。

重量轻，打击力大，能迅速破碎坚硬的岩石。

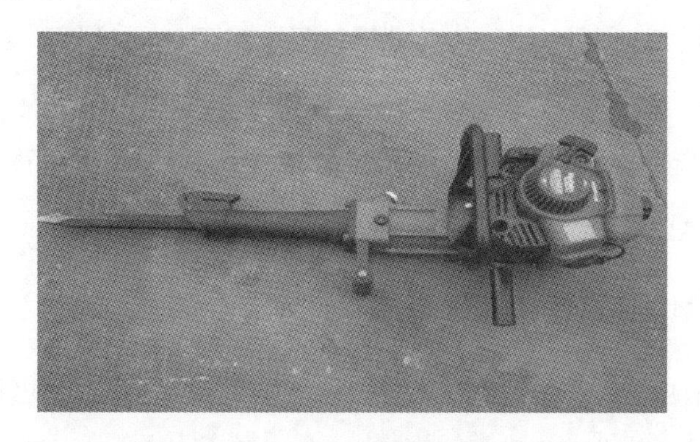

图 4 – 17　内燃式破碎镐（BG231）

4.7.1　示意图

内燃式破碎镐结构如图 4 – 18 所示。

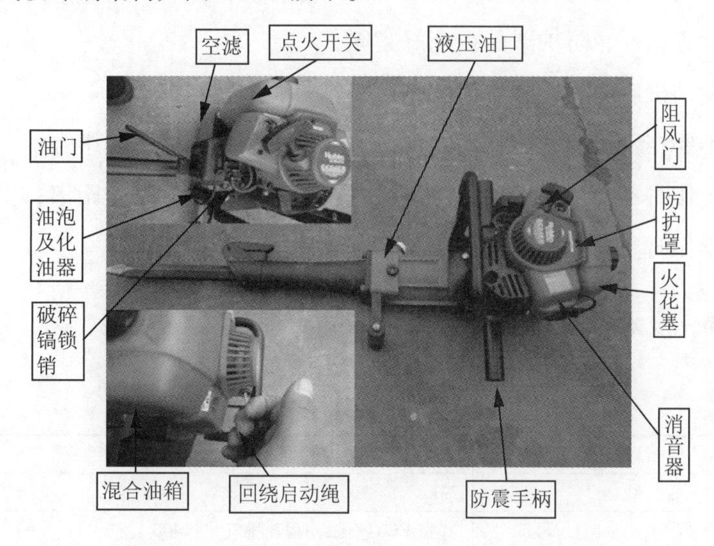

图 4 – 18　内燃式破碎镐（BG231）结构示意图

4.7.2　产品特点

（1）超群的机动性及便利性，最适合于野外无电源，狭窄工地及移动频繁工程；

（2）本体与发动机之间采用离心离合器，启动方便，操作简单。此外打击控制容易，安全性高，钎镐的安装简单；

（3）质量轻而打击量大。本机采用轻量、高强度的材料，质量仅为23kg，打击能却达69J；

（4）发动机采用罗宾发动机，寿命长，本体结构简单，零部件少，配件管理更容易。

4.7.3 操作前检查和注意事项

（1）确认液压油油量，不足时请及时补充。首次使用50h更换，以后200h更换1次（润滑油种类：10W—30）；

（2）请使用优质的90/93#汽油和二冲程机油进行混合。补充燃料时要添加过滤网，燃料渗出时，请擦干后再启动；

（3）空气过滤器有污垢时，要及时清除或更换；

（4）检查机件、防护罩是否完好紧固；

（5）发动机启动时，确认周围是否安全，时刻握住把手；

（6）不要在密闭的室内启动发动机，以免排出的气体引起中毒；

（7）工作时不要接触运动部件，注意钎镐与脚要保持一定距离；

（8）操作时要穿工作服、工作鞋、戴好安全帽和护目镜。

4.7.4 技术参数（表4-12）

表4-12 内燃式破碎镐（BG231）技术参数表

<table>
<tr><td colspan="2">型　号</td><td>BG231</td></tr>
<tr><td colspan="2">质　量</td><td>23kg</td></tr>
<tr><td rowspan="5">发动机</td><td>型　号</td><td>罗宾EC04、二冲程、排气量：400</td></tr>
<tr><td>输出功率</td><td>2.1ps/700r/min</td></tr>
<tr><td>燃　料</td><td>混合油：汽油/机油=25/1</td></tr>
<tr><td>燃油消耗量</td><td>1L/h</td></tr>
<tr><td>化油器</td><td>隔膜式</td></tr>
<tr><td colspan="2">打击数</td><td>1200bpm</td></tr>
<tr><td colspan="2">打击能</td><td>69J</td></tr>
</table>

4.7.5 操　作

内燃式破碎镐操作如图 4－19 所示。

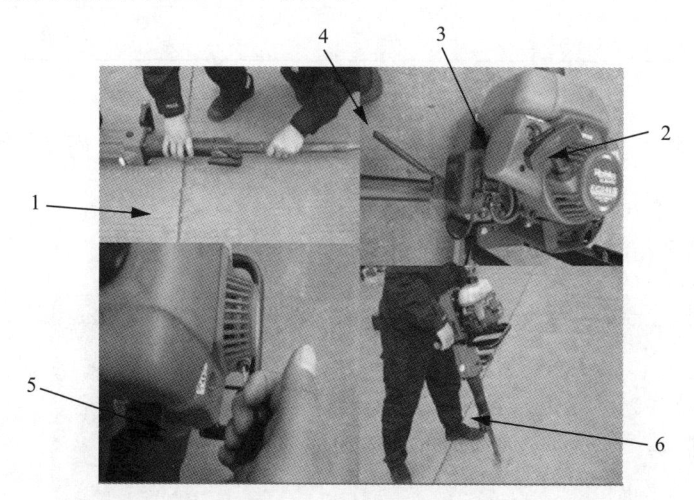

图 4－19　内燃式破碎镐（BG231）操作示意图

（1）首先把钎镐插入并锁紧；

（2）打开点火开关至“ON”位置；

（3）关闭风门（冷机状态下全闭，气温较高或刚停机可半开或全开）；

（4）调速柄置于开始位置；

（5）拉起回绕启动绳，使发动机启动后怠速运转，机器不起震；

（6）打开风门，并加大油门，机器起震开始工作。

关机时，调速柄置于怠速位置，停止震动，关闭点火开关。

4.7.6 检修方法（表 4－13）

表 4－13　内燃式破碎镐（BG231）检修方法表

现　象		原因	处理方法
发动机	不运转	燃油不足	补充燃油
		发动机开关有问题	更换开关
		化油器，滤清器堵塞	清洗或更换

续表

发动机	运转不良	化油器，滤清器堵塞	清洗或更换
	马力不足	运转速度不足	调整
		压缩不足	维修

4.8 JBQ－B 型超高压液压机动泵操作规程

JBQ－B 型超高压液压机动泵，如图 4－20 所示。

图 4－20　JBQ－B 型超高压液压机动泵

4.8.1 技术参数

1. 液压泵（表 4－14）

表 4－14　液压泵参数

型　号	日本本田 GXH50 型汽油机	发动机转速	5800 ± 200r/min
油泵额定工作转速	3400 ± 200r/min	额定输出压力	63MPa
低压输出压力	≥10MPa	额定输出流量	≥0. 6L/min
低压输出流量	≥2. 0L/min	液压油箱容量	2. 2L
总质量	≤19kg	混合油箱	3. 0L
高压软管规格	5m × 4 支	尺　寸	350mm × 278mm × 400mm

2. KZQ120/42 – A 液压扩张器（表 4 – 15）

表 4 – 15　KZQ120/42 – A 液压扩张器参数

最大扩张距离		≥600mm	额定工作压力	63MPa	
最大扩张力	120kN	质量	≤17.5kg	最大牵引力	55kN
空载闭合时间（机动泵供油）			≤25s	牵引行程	500mm
空载张开时间（机动泵供油）			≤30s	额定扩张力	42kN

应用范围：交通事故救援、地震等灾害救援，意外事故救援移动和举升障碍物，撬开缝隙并扩充为通道使金属结构变形，撕裂车体表面钢板配合牵拉链清除道路上障碍物。

3. JDQ28/150 – D 型液压剪断钳（表 4 – 16）

表 4 – 16　JDQ28/150 – D 型液压剪断钳参数

剪刀端部开口距离	≥150mm	额定工作压力	63MPa
最大剪断能力（Q235 材料）	28mm（圆钢）	质量	≤12.8kg
空载张开时间（机动泵供油）	≤25s	尺寸（长×宽×高）	730mm×210mm×165mm
空载闭合时间（机动泵供油）	≤30s		

应用范围：公路、铁路等交通事故救援，地震灾害和建筑物倒塌救援，空难海滩救援，切断车辆构件，金属结构、管道、异型钢材和钢板。

4. JDG110/475 – B 液压救援顶杆参数（表 4 – 17）

表 4 – 17　JDG110/475 – B 液压救援顶杆参数

工作压力	63MPa	最大撑顶力	110kN	撑顶力度	775mm
加长长度	550mm	闭合长度	≤475mm	质量	12kg
最大撑顶长度（加长后）	≥1325mm	撑顶行程	300mm		
尺寸（长×宽×高）	475mm×84mm×300mm				

适应范围：公路、铁路等交通事故救援，地震灾害和建筑物倒塌等灾害救援，移动障碍物，撑顶物体创造救援通道及物体稳定。

4.8.2　注意事项

本工具只能由受过专业训练人员操作及维护，快速接口的连接和分离，必须严格在油管内无油压的情况下进行。

未按使用说明书规定的操作，将有可能导致人员伤害及工具损坏等。

4.8.3 主要部件

JBQ－B 型超高压机动水泵机动主要部件，如图 4－21 所示。

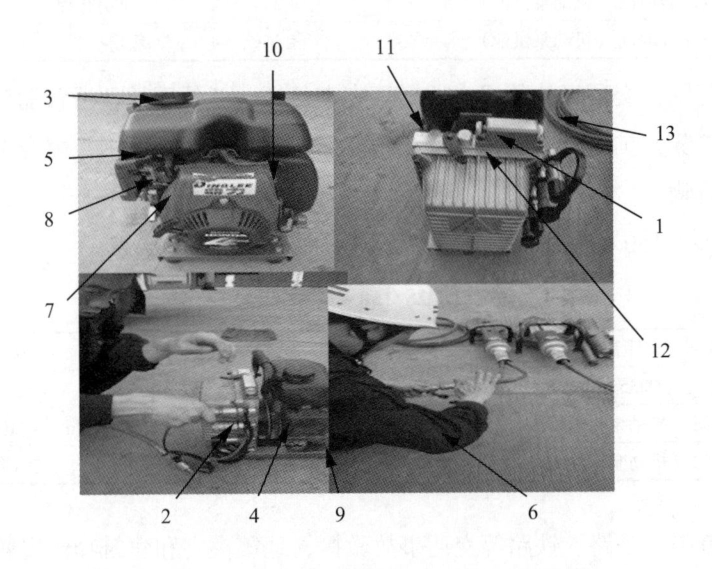

图 4－21 JBQ－B 型超高压机动泵部位说明图

1—液压油箱盖；2—快速接口阳（阴）口；3—汽油箱盖；4—汽油机阻风门；5—汽油开关；6—汽油机空气滤芯；7—汽油机启动手柄；8—汽油机油门；9—机油口盖及油标尺；10—点火电路开关；11—曲轴箱放油塞；12—液压油泵手控开关；13—手动液压换向阀按钮；14—汽油机消声器

4.8.4 操作步骤（图 4－22）

初次启动机动泵汽油机前，应通过油面指示窗，检查机动泵液压油箱内油位，油面高度应在指示窗范围内。并检查汽油机曲轴箱润滑油位，检查汽油箱油量。

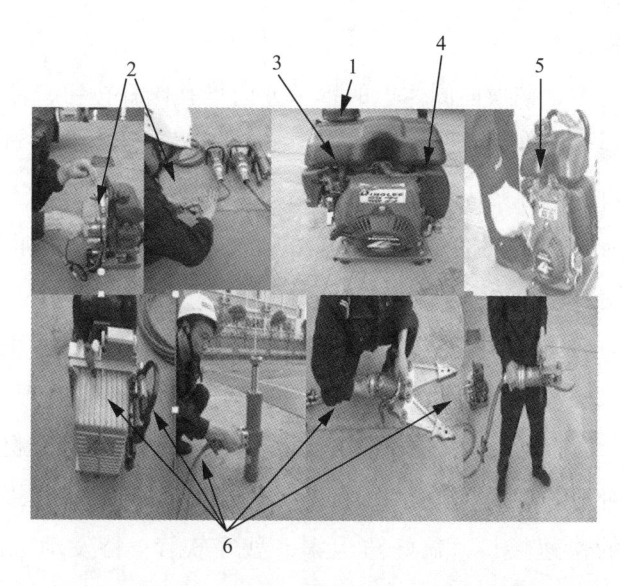

图 4－22　JBQ－B 型超高压机动泵操作示意图

（1）每次启动前：检查汽油箱油量；检查液压油油箱油位，需要时在此口加油补充；液压油油箱油位应在油窗范围内；检查汽油机曲轴箱润滑油量；

（2）用随机配备的带快速接口的液压软管将本机动泵与两件破拆工具各自连接。按下换向阀右方按钮，则机动泵与接到液压油箱上部两快速接口的配套工具连通。按下换向阀左方按钮，则机动泵与接到液压油箱下部两快速的配套工具连通；

（3）打开汽油开关，关闭阻风门，将汽油机油门向上推至全程的 1/3 ~ 2/3 处为止。注意当发动机已热时或大气温度高时，可不关闭阻风门；

（4）将点火电路开关顺时针方向由“OFF”转到“ON”位置使电路接通。液压油泵手控开关处于卸压位置；

启动前，要使机器远离易燃物，注意汽油箱盖应拧紧。检查机组各部分是否有松动、损坏现象。将溅在油箱外各处汽油擦净。机动泵应放于良好通风地点。机动泵上不要放有任何物品，此时方可启动；

（5）慢慢拉起回绕启动绳，等棘齿结合后，用力一拉，发动机启动。汽油机启动成功后，慢慢将阻风门顺时针打开。待发动机热机后，将油门杆抬起，使之处于工作位置；

(6) 根据需要，按换向阀体上的指示方向推动阀杆按钮，将液压油泵手控开关顺时针旋到工作位置，此时即可向配套工具提供压力油。注意：启动发动机前，其快速接口一定与工具上的快速接口处于连接好的待工作状态，工具供油状态下不可推动换向阀杆按钮，工具手控阀置于中位时，可推动换向阀使另一台工具继续工作。逆时针旋转手轮时将张开，反之扩张臂并拢。

工作完毕后，将汽油机油门置于怠速位置。首先将液压油泵手控开关逆时针转到卸压位置。将点火电路开关逆时针方向由“ON”转到“OFF”位置，使发动机停止运转。最后将汽油开关拧到关闭位置。注意：停机前，机动泵手控开关阀必须拧松，否则将在液压软管内保有高压，下次工作时，快速接口不易插接。

打开软管的快速接口，盖好防尘帽，盘好软管。待发动机冷却后，装箱保存。

4.9 气动切割刀操作规程

该气动切割刀由5个刀头、气锤、减压阀、工具箱组成，如图4-23所示。

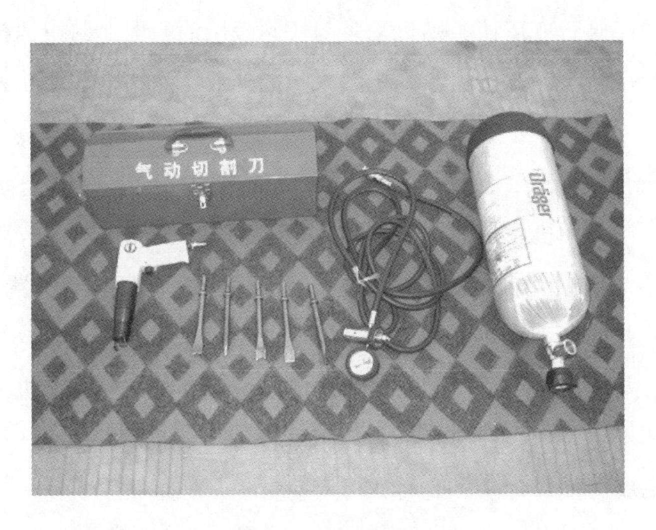

图4-23 气动切割刀

4.9.1　用途及特点

气动切割刀是一种破拆工具，能够快速切割防盗门、汽车车体、防护栏等物体，提高工作效率。

4.9.2　使用步骤（图 4－24）

（1）将所需用的刀头装到气动枪头上，并用弹簧卡固定；

（2）把连接管及减压阀接到空呼瓶子上；

（3）打开气阀；

（4）利用气管线快速接口连接气动枪上；

（5）在接触转动中的转轴及配件，避免手或身体的其他部分被切割到，请戴上手套来保护，到所需切割的地方，将工件切开。

注意：严禁不插入铲头打空枪。

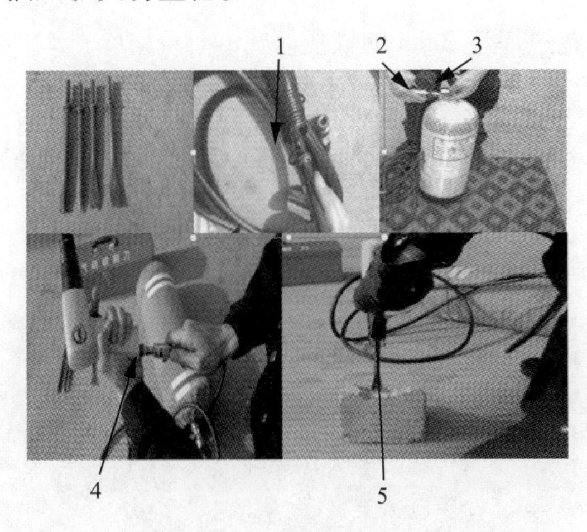

图 4－24　气动切割刀结构示意图

4.9.3　注意事项

（1）高噪声可导致听觉伤害，请使用者一定戴上合乎标准的耳罩；

（2）震动对人体会造成危害，请使用者遵守各地区的劳工安全规定来使用；

（3）安装刀头后把固定弹簧转到最紧位置，更换刀头时只要松两圈即可；

（4）在拔快速接头时一定要先往下压，同时拉下外壳就能很轻松地脱开；

（5）操作中请保持身体在平衡的位置及安全的立足点；

（6）重复的工作动作，不便的位置及暴露在震动环境中，会对手臂造成伤害，若手臂麻木，刺痛感或白皮肤发生，请立即停止使用该工具并请教医生；

（7）请避免在工作中吸入灰尘或抛射物（工作时所产生）以免对你的健康造成伤害。

4.9.4 维护保养

（1）工作气压应保持在0.49～0.63MPa内，气压过高，易损坏机件，气压太低，冲击频率低，降低工作效率；

（2）压缩空气应确保清洁干燥，并含有适量润滑油；

（3）每次使用前应从进气嘴处注入少量润滑油；

（4）连续使用的气铲使用半年后，要进行清洗，清除小孔中的污物；

（5）不宜剪切超过厚度2mm的铁皮。

4.10 便携式等离子弧切焊机BPCW22A

便携式等离子弧切焊机BPCW22A，如图4－25所示。

图4－25 便携式等离子弧切焊机BPCW22A

4.10.1 产品介绍

本产品是利用水蒸气等离子体，在磁场和气体动力作用下的收缩效应原理而研制的切割、焊接工具。等离子束产生原理：主机电源阴极与喷枪阴极头连接，阳极接喷嘴；工作时，按一下控制按钮，使阴阳极瞬间短路，产生高温电弧，将水汽化成水蒸气，一部分水蒸气被电离产生等离子体，另一部分水蒸气沿喷嘴内壁包裹着等离子体从喷嘴射出，形成等离子束。主要功能：等离子切割、等离子焊接、高温钎焊、材料的表面热处理。应用范围：可用于黑色金属、有色金属的切割、焊接、打孔及局部加热、混凝土、石材、玻璃等非可燃性材料的加工。技术工艺：可选择转移弧模式或非转移弧模式工作，既可以切割也可以焊接、使用便携式等离子弧切焊机的工艺与普通氧乙炔焊（切）和等离子弧焊（切）的工艺相似、焊接时所用的焊材和焊剂与普通氧乙炔焊和等离子弧焊相同。

4.10.2　功能用途

便携式等离子弧切焊机可以切割 1～10mm 钢材、20mm 以下螺纹钢、玻璃幕墙等以及焊接 0.3～8mm 钢材。

4.10.3　产品性能

整机重量仅 10kg，该产品可使用 220V/50Hz 单相电源，也可使用车载小型发电机作为动力，特别适合 16mm 以下管道、铁轨等传统及特种板材的切割。其特有双回路设计，功能齐全，切割技术能满足特种金属、有色金属、黑色金属材料的热加工需要，解决了重型兵械、交通运输等移动设备再造维护的难题。

4.10.4　应用范围

该产品适用于铁路、部队、油田、消防等应急抢险抢修。

4.10.5　技术参数（表 4－18）

表 4－18　便携式等离子弧切焊机 BPCM22A 参数表

额定输入电压	单项交流 220V ±10% 50Hz	电弧调整电流	3.4～10.2A 直流
额定功率	3.3kW	负载持续率	100%

续表

<table>
<tr><td>最大切割厚度</td><td>16mm</td><td colspan="2">最大焊接厚度</td><td>12mm</td></tr>
<tr><td>工作方式</td><td>非转移弧/转移弧</td><td colspan="2">工作液</td><td>纯净水</td></tr>
<tr><td>工作液额定容量</td><td>70～100mL</td><td colspan="2">距离喷嘴 2mm 处等离子束温度</td><td>≥8000℃</td></tr>
<tr><td>喷枪工作电流类型</td><td>直流电</td><td colspan="2">熔断器</td><td>25A/250V</td></tr>
<tr><td>主机外形尺寸</td><td>410mm×151mm×220mm</td><td rowspan="2">质　量</td><td>主　机</td><td>≤10kg</td></tr>
<tr><td></td><td></td><td>喷　枪</td><td>≤0.7kg</td></tr>
</table>

4.10.6 操　作

1. 操作前准备

（1）将喷枪电缆插头插入主机插座上，并旋紧固定螺母；

（2）接通主机电源线；

（3）选择使用非转移弧模式时（对非金属绝缘材料），无须使用随机附件中的接地线；

（4）选择使用转移弧模式时（对金属导电材料），将随机附件中的接地线两端分别连接在主机接线端和被加工的材料上；

（5）根据工作需要，向喷枪内注射 70～100mL 纯净水，直到喷嘴有水流出，然后拧紧水帽；

（6）确认阴极头与喷嘴之间的间隙为 2～3mm（按一下控制按钮阴极杆是否有 2～3mm 的自由移动间隙；如果间隙过大，可逆时针旋转控制按钮）；

（7）主机面板第一电流调整旋钮置于“5”档位置，第二电流调整旋钮置于“6”档位置（处理非金属材料时，此档位应置于关闭状态）。

2. 启动（图 4－26）

（1）开启主机后面板上的电源开关；

（2）按主机面板上的绿色按钮；

（3）确认工作电压显示范围为 200～360V；

（4）按喷枪控制按钮启动，喷枪经过约 1min 左右进入稳定状态，开始工作。

图 4－26　便携式等离子弧切焊机启动操作示意图

4.10.7　注意事项

（1）调整阴极杆控制盖逆时针旋出不超过 2 丝扣，防备阴极杆控制盖脱落，以免点击；

（2）喷嘴与木材间隙不可太小或太大，以免引起断弧或双弧；

（3）枪体防水，但不能浸在水中；

（4）保存前应尽量耗尽工作液和旋松阴极杆控制盖；

（5）操作喷枪时一定穿戴好自己劳保用品。

4.11　手提切割机（无齿锯）

手提切割机（无齿锯），如图 4－27 所示。

图 4－27　手提切割机（无齿锯）

4.11.1 特 点

该产品广泛应用于市政建筑、抢险救灾、公安破拆、路桥建设、房屋拆迁、园林作业、电力抢修等机动及野外作业。可带水环保作业。总质量9.7kg，操作简单方便。整机获CE和美国EPA认证。通过更换不同类型的锯片，可切割水泥、沥青、金属（铝，铁，铜以及不锈钢等）。

4.11.2 技术参数

型号：K950；排量：74cc；功率：3.7kW；质量：9.7kg；锯片直径：300/350mm；最大切深：125mm；转速：5100r/min；刀片芯轴尺寸：Φ5.4mm；过滤系统：三重空气过滤；油箱容积：0.74L。

4.11.3 操 作

（1）无齿锯使用前，认真检查各部件是否松动，锯片有无残缺裂纹；

（2）无齿锯安全防护罩要牢固可靠；

（3）使用前用检查油料是否充足，拧紧加油口，防止漏油；

（4）启动无齿锯时，锯片前方不能有人，应放在平地上，打开电源开关，（冷机启动时，拉开阻风门）拉起启动绳，等棘刺结合后，用力一拉，发动机启动；

（5）启动后，线控运转，检查各部件运转正常后，方可作业；

（6）在作业旁有易燃易爆物品，严禁使用无齿锯；

（7）使用中如发现有异常杂音时，应立即停机检查，直到排除后，方可继续使用。

第5章

防护救生（援）类

5.1 多功能救援三角架操作与使用

图5－1 多功能救援三角架

多功能救援三角架，如图5－1所示。

产地：意大利。

用途：用于深井、狭缝中的救援。

5.1.1 结构示意图（图5－2）

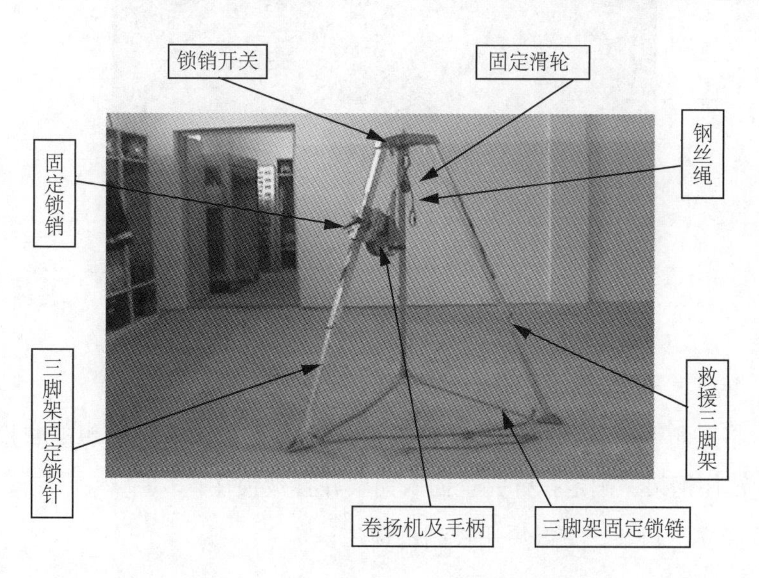

图5－2 多功能救援三角架结构示意图

5.1.2 用途

救援三脚架备有手摇式绞盘，在高处、悬崖垂直面上可设置伸出崖面的工作支点，满足高处、悬崖及井下等救援作业。

5.1.3 技术参数（表5-1）

表5-1 多功能救援三角架技术参数表

型号	EN795	完全展开	214cm	完全收缩	134cm
工作负荷	200kg	质量	16.5kg	卷扬机工作负荷	180kg
钢丝绳长	25m	阻断力	1800kg		

5.1.4 操作步骤（图5-3）

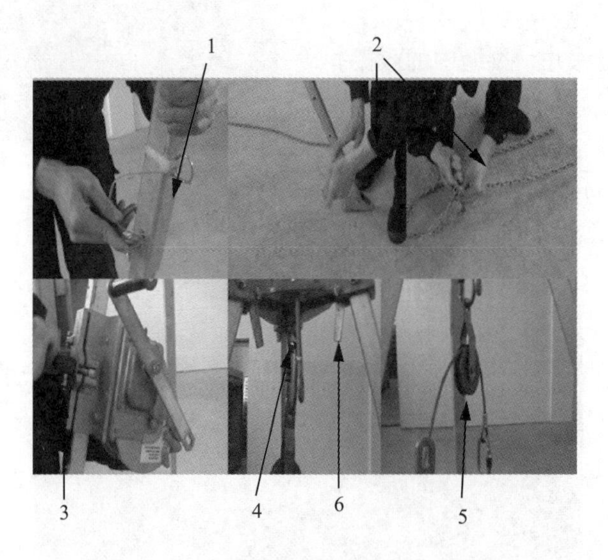

图5-3 多功能救援三角架操作流程图

（1）将三角架放置在水平、坚硬的地面上，延长钢架至理想的长度，用提供的拉针锁住钢架，确定拉针完全插入钢架并且被锁住；

（2）竖立三角架，置好后用控制链锁住；

（3）把卷扬机固定在三脚架上，并锁紧；

（4）把滑轮固定在顶部的安全环上，并锁紧；

（5）卷扬机的钢丝绳穿过滑轮即可；

（6）按下锁杆向里收好钢架，禁止在潮湿的、滑的、松软的地面确认钢架是否安装稳固了，以防止钢架外翻或者滑行。

5.1.5　注意事项

（1）每次使用前，必须经过严格的检测。关于钢索架，拉针使用，安全脚，锁针必须严格地检测安装是否正确，任何危险的操作都能导致发生危险；

（2）在使用之前，必须检测每个钢架及所有链子的紧固性能；

（3）在使用该设备的时候必须注意避免接触酸性物质，腐蚀性的液体；

（4）使用降落系统之前，必须明确在使用救援过程中如何避免随时可能发生的危险情况；

（5）使用该设备的人必须经过此项测试，有任何不适和微小的损害都不宜操作。

5.2　充气气桥操作规程

充气气桥可用于水面、冰面、泥滩和不稳固的地形，如图 5－4 所示。

图 5－4　充气气桥

5.2.1 优　点

充气气桥的优点为便携性，快速充气，快速展开和移动。快速链接延伸，充气气桥 5～10m 可以当作筏或工作平台使用，用于泥滩修复，冰面救援等。

5.2.2 技术参数（表 5－2）

表 5－2　充气气桥技术参数表

型　号	5m	宽　度	137cm	高　度	20cm
空气需求量	1600L	安全阀	0.5 ± 10%	尺　寸（cm）	115mm × 45mm × 35mm
工作压力	0.5bar	质　量	27kg		
型　号	10m	宽　度	137cm	高　度	20cm
空气需求量	3200L	安全阀	0.5 ± 10%	尺　寸（cm）	115mm × 65mm × 50mm
工作压力	0.5bar	质　量	55kg		

5.2.3 结构示意图

充气气桥结构如图 5－5 所示。

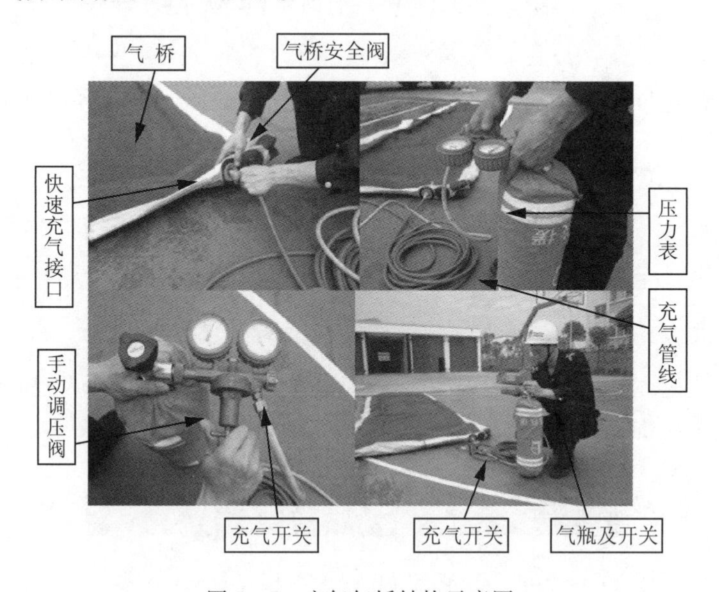

图 5－5　充气气桥结构示意图

长时间不使用充气气桥，每 6 个月应该对充气气桥进行一次检查。可以通过肉眼检查表面、阀门，给气桥充气查看压力是否到达 0.5bar，安全阀是否打开，在激活安全阀后，给气桥放气，再折叠放入携带包内。

5.2.4　操作步骤

充气气桥操作步骤，如图 5－6 所示。

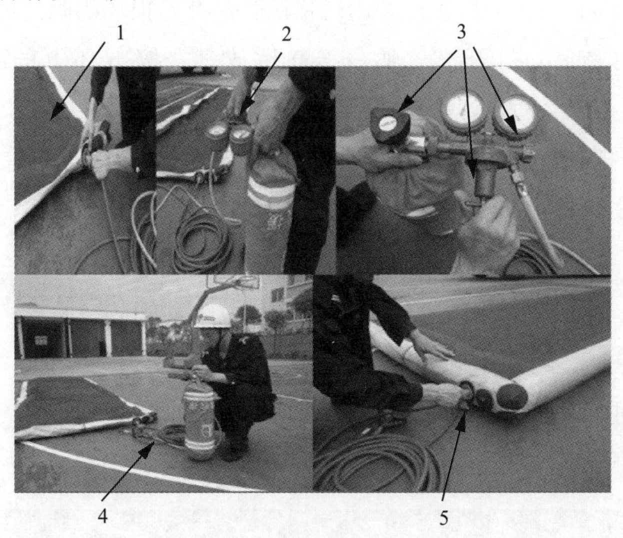

图 5－6　充气气桥操作流程图

从车上卸下充气气桥后，直接把气桥放置在预设位置。打开便携袋，展开充气气桥。

（1）拿起快速充气管线，充气开关管线与气桥连接（旋转 90°固定）；

（2）手动减压阀与气瓶连接，另一端与充气开关连接；

（3）打开气瓶开关，用手将减压阀调节到 5～7 之间，然后打开调压阀开关；

（4）打开充气开关，观察压力表情况；

（5）充气完毕后，卸下管子，盖上充气阀门盖。

5.2.5 注意事项

（1）没有安全阀，不允许气桥内部管状环的气压超过0.5bar。不论任何原因造成的气压增加，都要激活安全阀。

（2）在使用期间，不要在地面上拖气桥，也不要穿带钉子的鞋子在气桥上走动。

（3）气桥的破损可交由生产商用硫化橡胶修补，损坏的阀门可用新的替换。

（4）使用之后，打开充气阀，给气桥放气，按下环上的绿色按钮，旋转90°。

（5）重新把气桥放入携带箱之前，用清水洗净气桥表面，晾干。避免尖锐物体从上方坠落到气桥上。

5.3 SAVA起重气垫使用操作规程

SAVA起重气垫，如图5-7所示。

产地：德国。

图5-7 SAVA起重气垫

5.3.1 产品简介

起重气垫适用于不规则重物起重及普通起重设备难以工作的狭窄场合，特别是营救被重物压陷人员，地震后的救灾与营救工作，公路铁路交通事故救援工作，开采大理石和稀有矿物，限制采用爆破作业的破开岩体工程，修理重型机械时拆卸轮盘、滚筒和齿轮，应急起重载重车辆陷入沙漠泥泞沼泽中、井下电机车矿车及火车脱轨后的复轨，开启电梯门，管道维修和焊接时支撑或移动管线，大型汽车、货车与牵引车等更换轮胎，倾斜货车助力卸货，移动大型机器设备，精密仪器设备位移，大型实验台找平，移动铁路桥，民用或工业事故中拯救被困在设备中遇险者；升举水下物体等。

5.3.2 特 点

起重气垫由高强度橡胶及增强性材料制成；高压快速充气时间低于 60s；起重吨位大，安置使用间隙仅 35mm；超薄型，厚度小于 40mm；对工作环境无特殊要求，可用于软土、雪地、砾石、垃圾等场所；动作迅速，可在 10 ~ 30s 完成举升、支撑。起重气垫充气后，气垫膨胀，从而起到支撑、托举、平移的作用。特别在狭小的工作界面中使用，可收到良好的效果。广泛应用于消防抢险救援，矿山救护，用于支撑起重物体救援被困人员。

5.3.3 配 置

气垫、减压器、控制器、连接管、气瓶等。

5.3.4 技术参数

工作压力：0.8MPa；支撑高度：150 ~ 300mm；

环境温度：-30℃ ~ +60℃；质量 5kg/7kg 规格：600mm × 600mm；

起重吨位：QD 系列 3T/6T/8T/10T/12T/16T/18T/20T/30T/40T/54T/68T；

专用起重器材。

5.3.5 工作原理

高压气瓶通过压力调节器（减压阀）的减压，将25MPa的高压空气降低到0.8MPa低压空气，0.8MPa低压空气通过双向控制器连接两个气垫，可完成两组起重操作。控制器由双向控制器和单向控制器两种类型，顾名思义，双向控制器可连接两个气垫，单向控制器可连接1个气垫。气垫起重力大，起重高度低。

升举力极强，独立起重垫的起重压力从1～71t。

升举速度快（10000kg　4s）

表面有防滑网纹，安全性能高，配备200/300bar压力调节器

基础数据如下：

材质：芳族聚酰胺，其中含有高强度的Kevlar绳

工作压力：8bar　　　工作温度：－40℉～23°　　　厚度：2.5cm

测试压力：12bar起重气垫单独无法使用，必须动力源、气管、减压阀、控制器等配套使用。

5.3.6 操作步骤（图5－8）

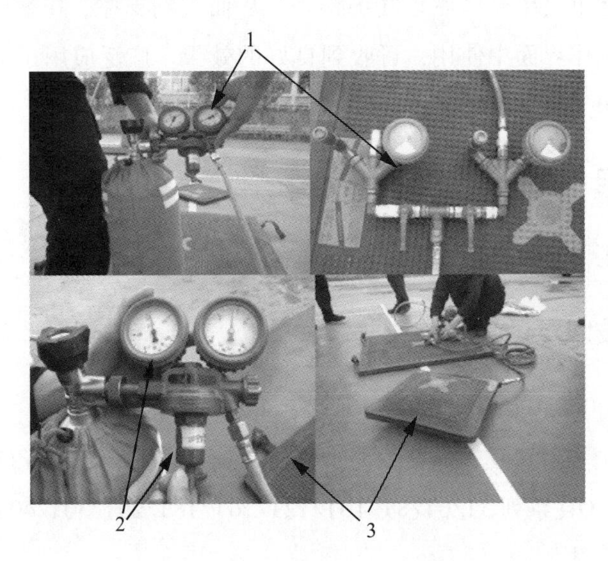

图5－8　SAVA起重气垫操作流程图

根据所需物体大小选择适当的气垫。

（1）先把减压器连接到 9L 空呼气瓶上，另一头与控制器连接，另外管线连接气垫上；

（2）然后把连接管与气垫、控制器连接好，把气垫放置在所要启动的适当位置，打开气瓶阀：高压表显示气瓶压力，低压表应调节到0.8MPa（注意：此时关闭控制器上的排气阀）；

（3）然后打开调压阀上的开关，再慢慢开启控制器开关，而起重气垫开始慢慢膨胀起来。

注：控制器的每个开关阀前端都设有安全阀和排气阀。

5.3.7　注意事项

（1）请使用刻度精确的仪表；

（2）请在适当的场所使用起重气垫；

（3）清洗时，请不要使用强酸强碱洗消剂或任何尖利的东西。

5.4　SAVA 起重气囊操作程序

SAVA 起重气囊，如图 5－9 所示。

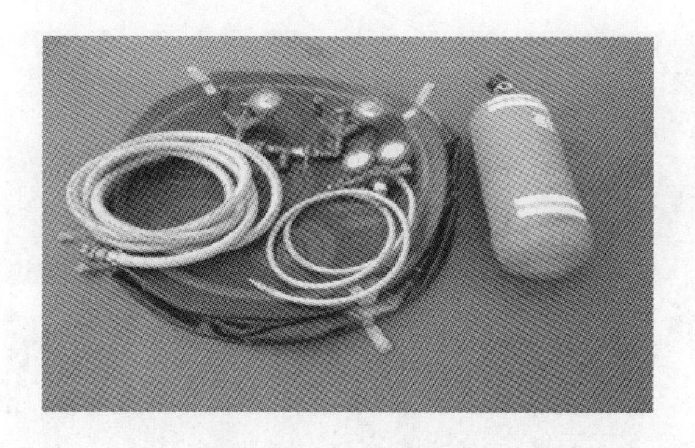

图 5－9　SAVA 起重气囊

5.4.1　用　途

SAVA 起重气囊适用于道路交通事故中压陷在车辆下的人员救援，飞机碰撞或隧道，桥梁和建筑物的倒塌等救援。

5.4.2 产品特点

SAVA 起重气囊对放置的产地要求非常低，可以在松软地面，凹凸表面、沙砾层、甚至霜雪覆盖的地面。

5.4.3 配 置

气囊、减压器、控制器、连接管、气瓶等。

5.4.4 工作原理

高压气瓶通过压力调节器（减压阀）的减压，将 25MPa 的高压空气降低到 0.8MPa 低压空气，0.8MPa 低压空气通过双向控制器连接 2 个气囊，可完成两组起重操作。控制器由双向控制器和单向控制器两种类型，顾名思义，双向控制器可连接 2 个气囊，单向控制器可连接 1 个气囊。气囊起重力小，起重高度高。

5.4.5 操作步骤（图 5－10）

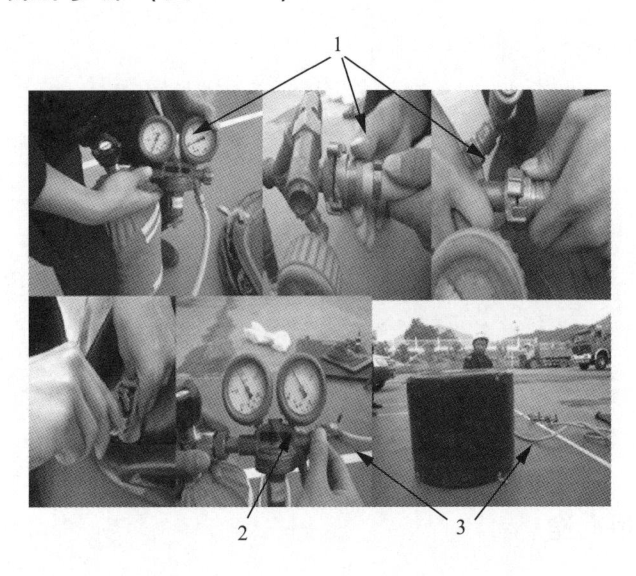

图 5－10　SAVA 起重气囊操作流程图

根据所需物体大小选择适当的气垫。

（1）先把减压器连接到9L空呼气瓶上，另一头与控制器连接，另外把管线锁紧扣松开连接到控制器和气囊上，然后再锁紧；

（2）把连接管与气囊、控制器连接好，把气囊放置在所要启动的适当位置，打开气瓶阀：高压表显示气瓶压力，低压表应调节到0.8MPa（注意：此时关闭控制器上的排气阀）；

（3）然后把调压阀上的开关打开，慢慢开启控制器开关，而起重气囊开始慢慢鼓起来。

注：控制器的每个开关阀前端都设有安全阀和排气阀。

5.4.6　注意事项

（1）请使用刻度精确的仪表；

（2）请在适当的场所使用起重气垫；

（3）清洗时，请不要使用强酸强碱洗消剂或任何尖利的东西。

5.5　RAMFAN涡轮式水驱动排烟机操作规程

RAMFAN涡轮式水驱动排烟机，如图5－11所示。

图5－11　RAMFAN涡轮式水驱动排烟机

5.5.1 使用范围

该设备安全防爆，采用与消防车或中低压泵相连接。通过水循环的方式，能够有效地节约水资源。该设备利用水的压力作为动力对救援的密闭场所进行排烟喷雾降温，降辐射热等，由于体积小、重量轻、风量大、机动性强、操作简单，适合于救援、地下建筑、无窗建筑、化学品、加工制造、焊接导致的易燃气体、蒸汽、粉尘、普光气田各阀室、隧道、集气站等地区突发事件的处置工作。

5.5.2 工作原理

水驱动喷雾排烟机既可将室外空气送入建筑物内，也可以从外部形成气流将内部的烟尘和气体抽出去；一方面建筑物内空气压力就会加大，与外部空气形成压力差。在压力差的作用下室内正压空气会迅速流向室外，从而达到排烟送风的目的，另一方面通过往内部喷雾，可使内部烟雾、粉尘等气体迅速沉淀，使抢险救援人员进入。通过排烟及喷雾大大提高事故现场的能见度，为抢险救援工作的顺利开展以及抢修人员的安全提供了有力的保障。

5.5.3 结构示意图（图5－12）

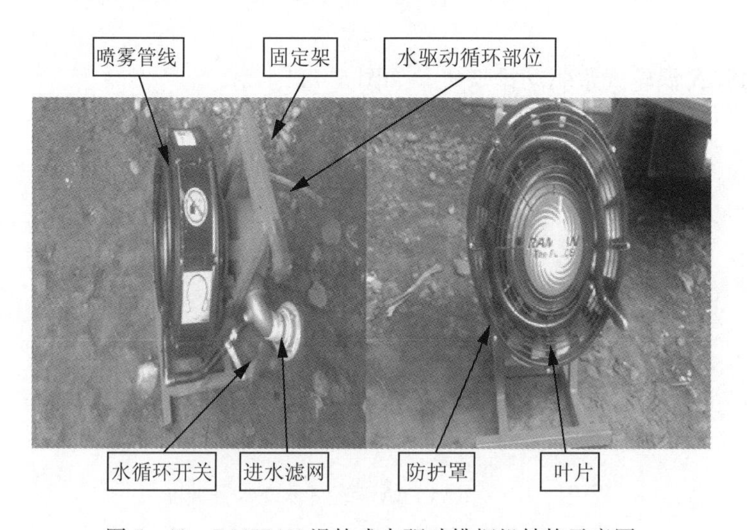

图5－12 RAMFAN涡轮式水驱动排烟机结构示意图

5.5.4　技术参数（表 5－3）

表 5－3　RAMFAN 涡轮式水驱动排烟机技术参数表

品　牌	RAMFAN	型　号	WF390
叶　轮	17 个	风　量	150psi
排烟量	11000～24983m³/h	工作压力	0.3～0.8MPa
供水量	11～15L/s	质量	27kg

5.5.5　操作步骤（图 5－13）

图 5－13　RAMFAN 涡轮式水驱动排烟机操作流程图

（1）根据现场情况，把水驱动排烟机放置在有利的位置；

（2）首先利用消防车水泵连接两路水带，一条进水 1，另一条是回水 2；

（3）另外两盘水带头连接水驱动排烟机上；

（4）在需要出水的情况下，打开水路开关。

5.5.6　注意事项

（1）如果有任何特别是对叶片、防护罩或机壳的损害，请不要启动排烟机；

（2）一旦听到过高的机械噪声或震动声，请立即停止机器的运转；

（3）请不要移动运转中的排烟机；

（4）将进口接管与正确的供应水带连接，观察进水口标记。反方向运行排烟机会损坏涡轮；

（5）排烟机应放在远离儿童的区域内。

5.6 逃生气垫使用操作规程

逃生气垫，如图 5 – 14 所示。

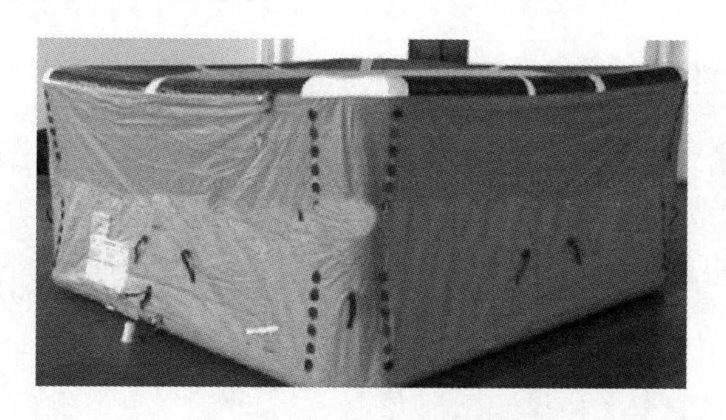

图 5 – 14 逃生气垫

5.6.1 用 途

救生气垫用于抢险救援、营救从高处下跳人员，适用于高层建筑遇险人员的地面救护。该气垫不仅能够简单快速充气使用，而且收纳方便快捷。气垫坚固稳定，不会引起回弹反冲。气垫承接面保持向中心变形，无论是包装下还是充气后均可方便运输、搬运。

5.6.2 特 点

（1）方便充气和放气；

（2）跳跃后，气垫在 10s 内自动复原；

（3）标准连接与消防队标准兼容；

（4）安全阀提供过压保护；

（5）重量轻；

（6）救生气垫可放置在几乎任何平面，包括砾石和路缘石。

5.6.3　技术参数（表 5-4）

表 5-4　逃生气垫技术参数表

人员需求	≥2 个	尺寸	3.5m×3.5m×1.65m
救援面积	2m×2m	重量	（包括 BA 充气气瓶））56 kg
操作压力	0.31bar	充气时间	30s
两次跳跃的最小时间间隔	15s	最大救援高度	10m

5.6.4　操作步骤（图 5-15）

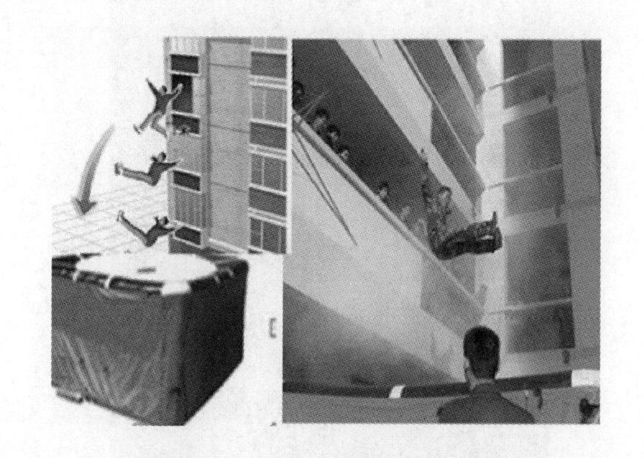

图 5-15　逃生气垫操作示意图

（1）首先把逃生气垫放置到救援的有效地点；

（2）需 2 个以上人员进行操作，用气瓶进行充气，达到有效气压；

（3）施救人员应该看准中间的一个圆点，跳的时候用屁股尽量对准逃生气垫中间的圆点。

逃生气垫如果使用不当，人员损伤仍旧会发生。逃生气垫是一个充气装置，用于从高空跳落救援，跳落高度不超过 10m。

5.6.5 安全指示

（1）逃生气垫仅用于紧急救援事件。严禁使用逃生气垫训练和娱乐；

（2）其他救援措施不能实施时才考虑用逃生气垫；

（3）不要戳破或拖拽逃生气垫或逃生气垫袋子；

（4）在移动逃生气垫时请始终举起气垫，不要和地面摩擦；

（5）避免气垫和锋利的物体或易燃物体接触，防止破损。

5.7 红外线测温仪操作规程

红外线测温仪，如图 5－16 所示。

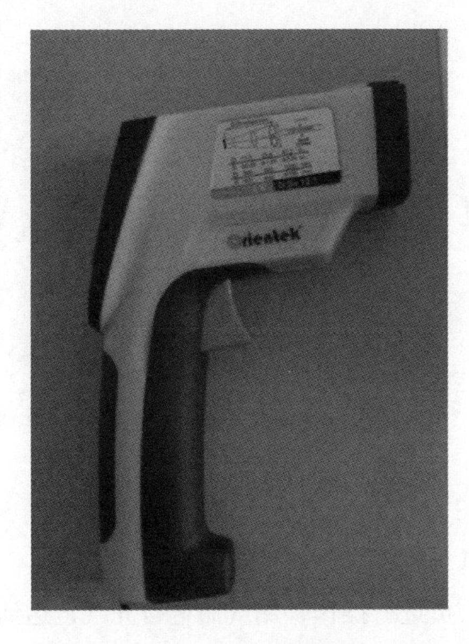

图 5－16 红外线测温仪

5.7.1 用 途

红外线测温仪用于高压设备测试温升，不易触及的部位，危险部位，需要快速测量的部位等。

5.7.2　结构示意图（图5-17）

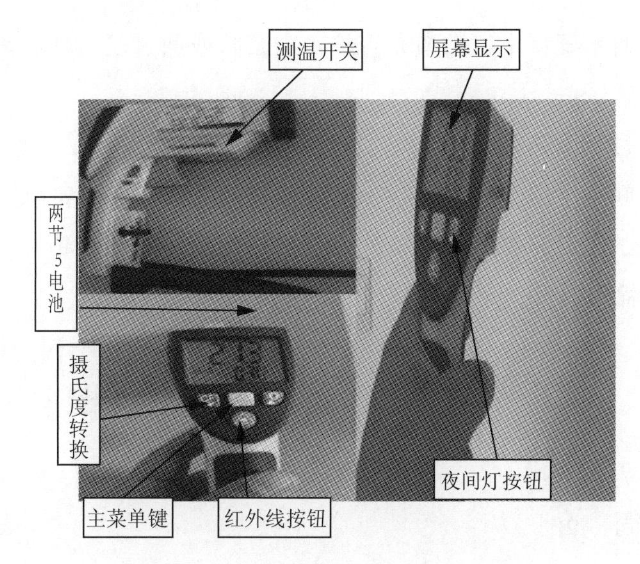

图5-17　红外线测温仪结构示意图

5.7.3　操作步骤（图5-18）

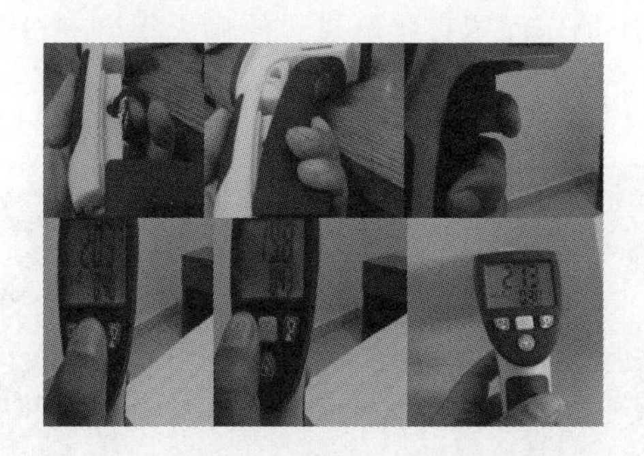

图5-18　红外线测温仪操作流程图

（1）首先打开电池盖，装上2节5号电池，扣上电池盖；

（2）显示屏就会显示，按住开关，打开红外线，对准要测得物体；

（3）根据需要可进行调整距离（按住主菜单键2次）在按左键是调距离近，按右键调距离远。

5.7.4 注意事项

（1）测量时不要将本机的激光直接对准眼睛或通过反射性的表面（如镜面发射）照射眼睛；

（2）使用过程中必须小心轻放，应避免放在过潮湿高温或阳光直晒的地方；

（3）长时间不使用，一定要将电池取出，在电池电量不足时要更换；

（4）测试结束后，必须擦拭镜片，不需要任何溶剂清洁镜片，可用压缩空气吹灰，用湿棉布擦拭。

5.8 呼吸复苏器使用操作规程

5.8.1 简　介

呼吸复苏器（图5－19）又称加压给氧气囊（AMBU），它是进行人工通气的简易工具。与口对口呼吸比较供氧浓度高，且操作简便。尤其是病情危急来不及气管插管时，可利用加压面罩直接给氧，使病人得到充分氧气供应，改善组织缺氧状态。

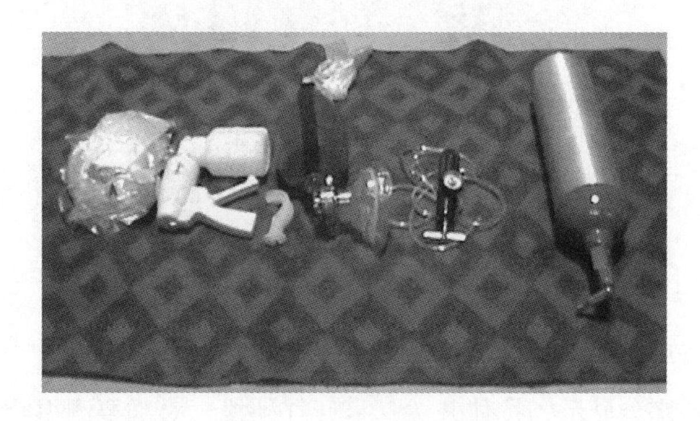

图5－19　呼吸复苏器

5.8.2 性能与装置

呼吸复苏器具有结构简单，操作迅速方便，易于携带，通气效果好等优点。

主要由弹性呼吸囊、呼吸器、呼吸活瓣、储气袋、面罩或气管插管接口和氧气接口等组成。

5.8.3　基本原理

氧气进入球形气囊和储气袋，通过人工指压气囊打开前方活瓣，将氧气压入与病人口鼻贴紧的面罩内或气管导管内，以达到人工通气的目的。

5.8.4　结构示意图（图 5－20）

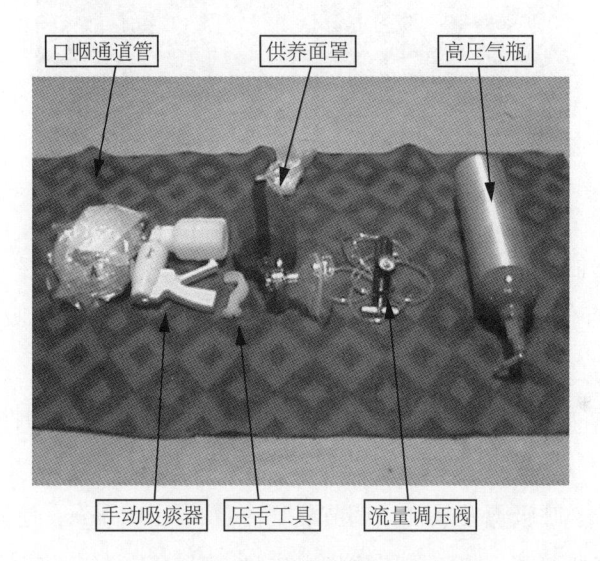

图 5－20　呼吸复苏器结构示意图

5.8.5　配置（表 5－5）

表 5－5　呼吸复苏器配置表

器材包	1 个	高压氧气瓶	1 个
流量减压阀	1 个	供气面罩	2 个
鼻氧管	2 根	人工肺	1 套
口咽通道管	8 个	手动吸痰器	1 套
容量	3L	质量	6kg

5.8.6 操作步骤（图5－21）

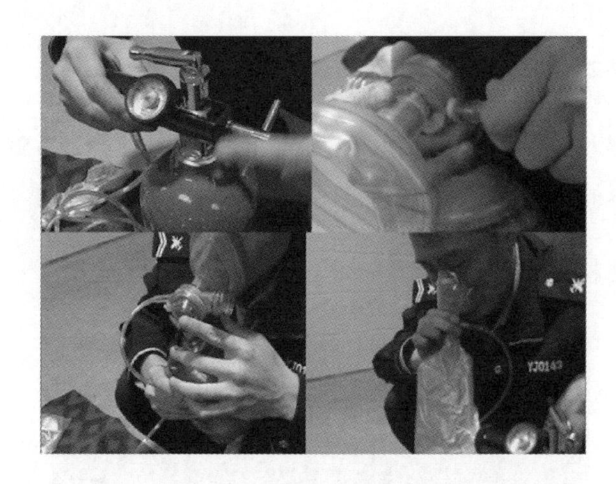

图5－21 呼吸复苏器操作流程图

首先做好评估：

（1）是否有使用简易呼吸器的指征和适应证，如急性呼吸衰竭、呼吸停止等。

（2）评估有无使用简易呼吸器的禁忌证，如中等以上活动性咯血、大量胸腔积液等。

①连接面罩、呼吸囊及氧气，调节氧气流量5～10L/min，使储气袋充盈；

②打开氧气瓶瓶阀，将面罩罩住病人口鼻，贴紧不漏气。若气管插管或气管切开病人使用简易呼吸器，应先将痰液吸净，气囊充气后再应用；

③打开流量调节器，并根据每位病人的氧气供应量不同为病人带上面罩（使顶部贴于鼻梁而进气口靠近嘴部）。通常先输入纯氧。通过一段时间后，输入高氧气含量的空气；

④双手挤压呼吸囊的方法：两手捏住呼吸囊中间部分，两拇指相对朝内，四指并拢或略分开，两手用力均匀挤压呼吸囊，待呼吸囊重新膨起后开始下一次挤压，应在病人吸气时挤压呼吸囊；

⑤若要停止供气，需先关闭气瓶阀，当流量表指针归零后关闭流量调节器调节氧气供应量。

吸气时，面罩内将会形成轻微的负压。

●进气阀打开。

●袋中氧气进入面罩。

●此时呼气阀关闭。呼气时，面罩内将会形成轻微的正压。

●呼气阀打开，呼出的气体被派出的面罩进气阀关闭。

因此，呼出的气体不会流入气袋，同时气袋中再次充满氧气。通气效率的检验：

（1）通过通明的面罩检查病人的面部和嘴唇的颜色；

（2）确定病人的胸腔随每次吸气和呼起过程而起伏；

（3）透过透明面罩检查各法门是否工作。

减压器：

减压器由一些基本的功能模块组成，每一模块均有其特定功能。

减压器将 200bar 的高压氧气减至 3. 5bar 的低压。

减压器本体由黄铜制成。

除弹簧由不锈钢制成外，其余金属均由黄铜制成。

最大进气压力为 200bar。

理论减压流率为 40L/min，低压 3. 5 ±0. 7bar。

使用环境温度： -20 ~ +60℃。

类型：活塞式减压器。

最大流率：300L/min。

该减压器配置：

可显示气瓶当前压力的压力表过压安全阀高压功能模块配备与气瓶阀了解的高压进气接口气体出口处有一个 0 ~ 15L/min 的流量调节器，一个防逆转阀和一个真空阀流量调节器。

5. 8. 7　使用前须知

使用者不得使用油性物质对该装备的任何部件进行操作或用油腻的手触摸减压阀。一旦氧气接触到油性物质就有可能发生爆炸。用户更换气瓶时，必须对气瓶阀进行一次快速开关操作以便清洁瓶阀。清洁装备时不得在强日光下进行或靠近任何热源。充气时应使用一般标准的气流以避免气瓶过热和瓶阀内产生燃烧隐患。

5.8.8 维护

为保证本氧气急救装置的功能正常，应进行一系列维护操作。

一旦使用，本装备的一些部件应进行清洗和消毒。

5.9 多功能救援担架使用操作规程

多功能救援担架，如图 5－22 所示。

其特点为：体积小、质量轻、便于携带、应用范围广、可单人操作。

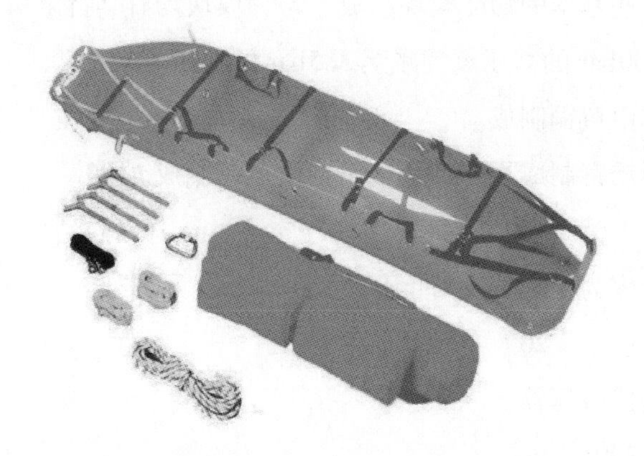

图 5－22　多功能救援担架

5.9.1 主要参数（表 5－6）

表 5－6　多功能救援担架主要参数

材　料	采用特殊塑料复合而成		规　格	2500mm × 880mm
自　重	5.2kg		载　重	1 个人
耐　温	高温— +45℃	低温— -20℃		

5.9.2　适用对象范围

（1）消防紧急救援；

（2）深井及狭窄空间救护；

（3）地面一般救护；

（4）高平面下放救护；

（5）化学事故现场救护。

5.9.3　注意事项

（1）使用中，严禁用吊环直接悬吊（没有使用垂直吊绳）担架；

（2）使用后，担架两侧的绑缚带、专用的平行吊带和垂直吊绳通常用中性洗涤剂、肥皂水清洗干净，晾干后卷好放入保护包；

（3）应避免长期暴晒在阳光下，以避免损坏塑料材料；

（4）化学事故现场用完后，担架必须严格按照化学洗消程序进行处理后保存。在有放射性物质场所用完后，使用过的绑缚带、专用平行吊带、垂直吊带必须更换；

（5）尽量避免使用利器刮割担架。

5.9.4　使用方法

1. 准备

（1）从保护包中取出担架放在地上备用；

（2）松开担架包扎袋将担架完全展开；

（3）将担架两端向后弯曲（必要时可以完全反向卷一次）尽量使担架平直；

（4）理顺担架两边的带子备用。

具体使用方法如图 5－23 所示。

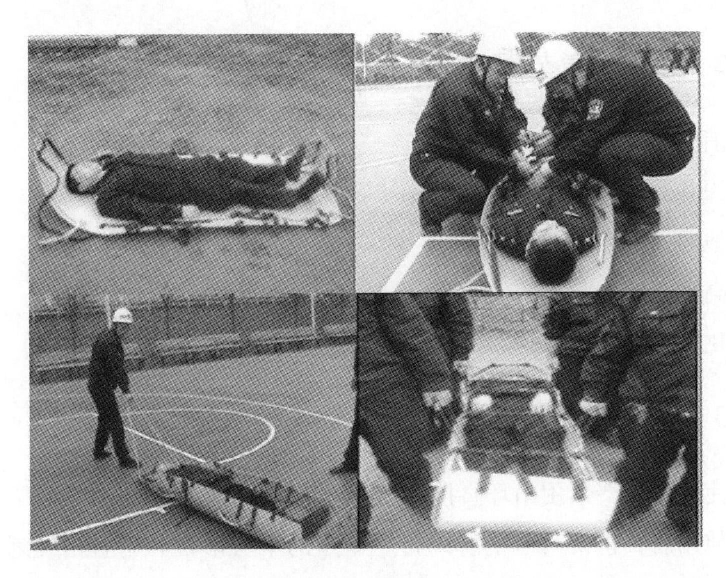

图 5－23　多功能救援担架使用流程图

2. 救护

可用两种方式将伤员放入担架中。

第一种：侧滚式。

（1）将担架紧贴伤员身体位置放好，担架的顶端与伤员头部平齐；

（2）把伤员掀至侧躺位置后顺势将担架插入伤员身下，放平伤员；

（3）将伤员轻推至担架中央，并确保伤员身体平直；

（4）将担架两侧对应的接扣扣好，并调至适当位置后，由手柄处抬起担架转移到指定位置。

第二种：直拉式。

（1）将担架尾部放置于伤员头部（伤员与担架在同一直线上）；

（2）救助者跨骑在担架两侧，用双手撑起伤员；

（3）其他救助者则拉住担架尾部的固定带，配合该救助者轻轻将伤员拉上担架；

（4）将伤员拉至担架中央时，便可将担架两侧对应接扣扣好并调至适当位置后，由手柄处抬起担架转移到指定位置。

5.10　躯体固定气囊使用操作规程

躯体固定气囊，如图 5－24 所示。

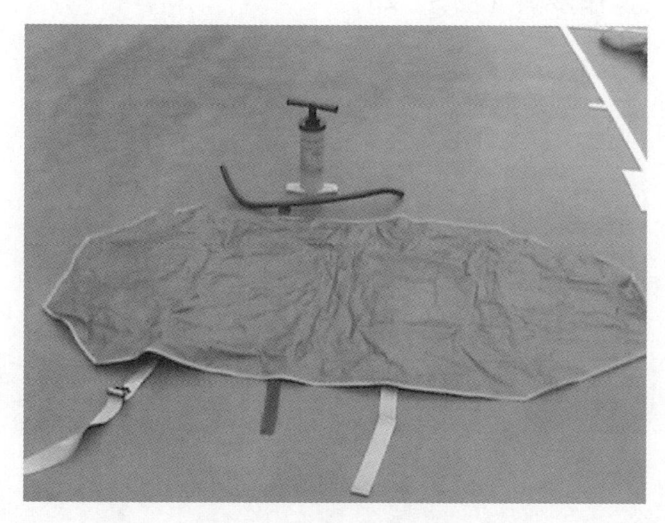

图 5－24　躯体固定气囊

5.10.1　材　质

（1）由 PVCSILICONE 材料制成，表面不容易损坏，可洗涤；

（2）外形尺寸：2000mm×1100mm。

5.10.2　用　途

在真空状态下可像石膏一样把伤员的骨折或脱臼部位固定住，保持 70h 以上。可按伤员各种形态而变化。可用 X 光、CT、MRI 检查。

5.10.3　特　点

（1）真空状态能保持 70h 以上；

（2）真空状态就像石膏一样把伤员的骨折或脱臼的部位固定住；

（3）如果固定器表面破损，躯体固定器仍能保持真空状态 10h；

（4）可配合直升机使用；

（5）躯体固定器可按伤员的各种形态而变化；

（6）可用 X 光透视；

（7）四季都能使用。

5.10.4 操作步骤（图 5－25）

图 5－25 躯体固定气囊操作示意图

（1）首先把躯体固定气囊铺开，检查躯体固定气囊有没有损坏；

（2）把躯体固定气囊平放在伤员旁，把伤员抬到躯体固定气囊上，用躯体固定器把伤员捆绑好后，用固定带固定；

（3）固定后用抽吸泵抽成真空状态；

（4）这样躯体固定器可作为担架使用。可用车辆或直升机把伤员转移。

5.11 肢体固定气囊使用操作规程

肢体固定气囊，如图 5－26 所示。

型号：SDVS95－101、103（腿部、手臂）。

产地：韩国。

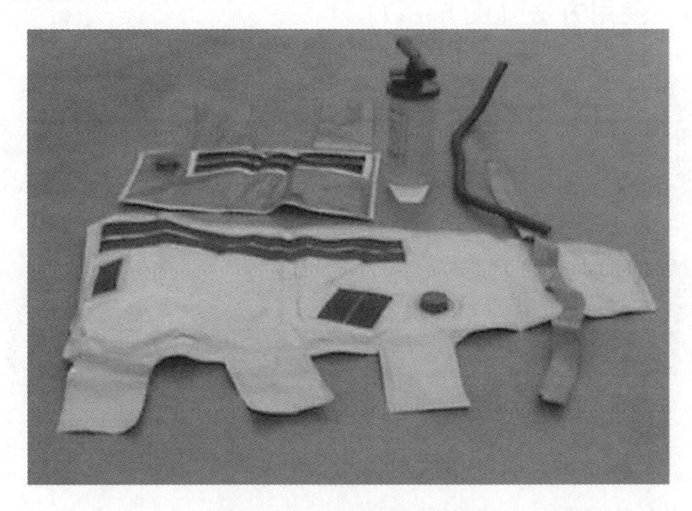

图 5－26　肢体固定气囊

5.11.1　尺寸大小（表 5－7）

表 5－7　肢体固定气囊尺寸表

型　号	部　位	规格尺寸
SDVS95－101	腿	1100mm×610mm×240mm
SDVS95－103	手　臂	580mm×320mm×400mm

5.11.2　材质及其他

（1）由 PVCSILICONE 材料制成，表面不容易损坏，可洗涤；

（2）被评为韩国国防部优秀产品。

5.11.3　特　点

（1）真空状态能保持 70h 以上；

（2）真空状态就像石膏一样把伤员的骨折或脱臼的部位固定住；

（3）如果固定器表面破损，躯体固定器仍能保持真空状态 10h；

（4）躯体固定器可按伤员的各种形态而变化；

（5）可用 X 光透视；

（6）四季都能使用。

5.11.4 使用方法（图5－27）

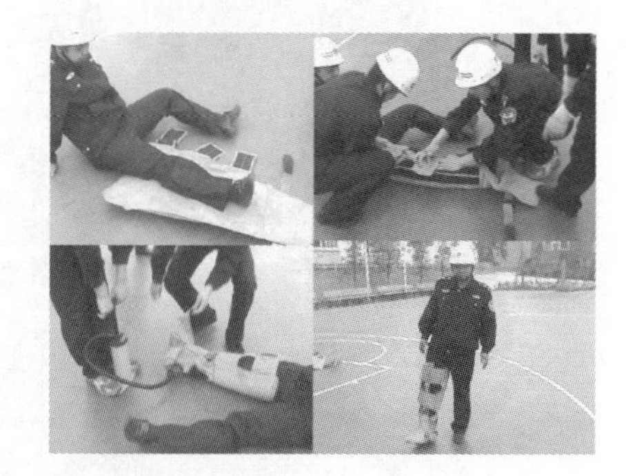

图5－27　肢体固定气囊使用流程图

（1）把肢体固定器从包裹中取出；

（2）把肢体固定器平放在伤员旁；

（3）用肢体固定器把伤员捆绑好后，用固定带固定；

（4）固定后用抽吸泵抽成真空状态。

5.12　佳耐思紧急逃生毯操作规程

佳耐思紧急逃生毯，如图5－28所示。

图5－28　佳耐思紧急逃生毯

5.12.1　规　格

（1）材料：100% KANOX 防火纤维（保证不含石棉及玻璃纤维）；

（2）组织：防火织布/防火布即双手提带；

（3）尺寸：150cm（宽）×200cm（长）.

5.12.2　功　能

（1）火灾逃生；（2）地震逃生；（3）扑灭火源；（4）承接落物；（5）人体灭火；（6）减轻撞击；（7）隔离浓烟；（8）抢救财物；（9）减轻烟雾；（10）危难救助。

5.12.3　使用方法

（1）将佳耐思逃生防火毯外包装上的孔眼，以钢钉或绳索吊挂于易取之处，高度 1～1.5m 以便小孩及成人均能使用；

（2）置于厨房、客厅、通道、孩童房、卧房，以便紧急扑灭火源；

（3）紧急时，立刻扯动下面拉环，毯即迅速落下，批覆即可逃生；

（4）地震发生时，可以将毯包覆头部及身体，防落物击伤及时逃生保命。

5.13　伤员固定抬板使用操作规程

伤员固定抬板，如图 5－29 所示。

图 5－29　伤员固定抬板

5.13.1 用　途

该抬板使用简单，符合大量伤亡事件中的救助要求。应用在大型伤亡事件，如消防紧急救援、地面一般救护化学事故现场救护等。

5.13.2 优　点

高强度耐冲击性 ABS 塑料，可被 X 射线透视、容易清洗、超大把手，四周设计为升起结构，易于使用把手。可避免伤员颈椎、胸椎再次受到伤害。

5.13.3 产品尺寸（表 5－8）

表 5－8　伤员固定抬板描述

尺寸规格	1.8mm×0.45mm×0.05mm	质　量	5.4kg	载　重	226kg

5.13.4 操作使用

（1）先将救援人员平躺在地面上；

（2）把抬板放置所需救援人身边；

（3）将救援人员直接放置在抬板上。

5.13.5 清洗及维护

通常用重型洗涤剂及肥皂清洗干净，晾干后卷好放置阴凉处。避免长期暴晒在阳光下，以免损坏材料。尽量避免使用利器刮割抬板。

5.14　硫化氢报警仪操作规程

硫化氢报警仪，如图 5－30 所示。

5.14.1　简介

GasAlertClipExtreme 气体检测仪（以下简称“检测仪”）是一台个人安全装置，此装置在危险气体水平超过工厂设置的警报设定值时发出警告。此检测仪储存并传送气体警报数据。阁下有责任对其发出的警报作出适当反应。

图 5－30　硫化氢报警仪

5.14.2　各部件名称（图 5－31）

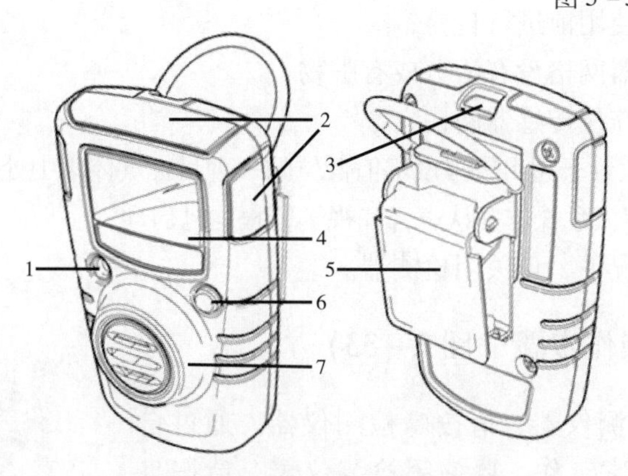

图 5－31　硫化氢报警仪结构示意图

1—声音警报；2—视觉警报；3—红外线下载端口；4—液晶显示屏；5—夹子；6—启动/测试按钮；7—传感器和传感器网格

（1）屏幕显示元素，如图 5－32 所示。

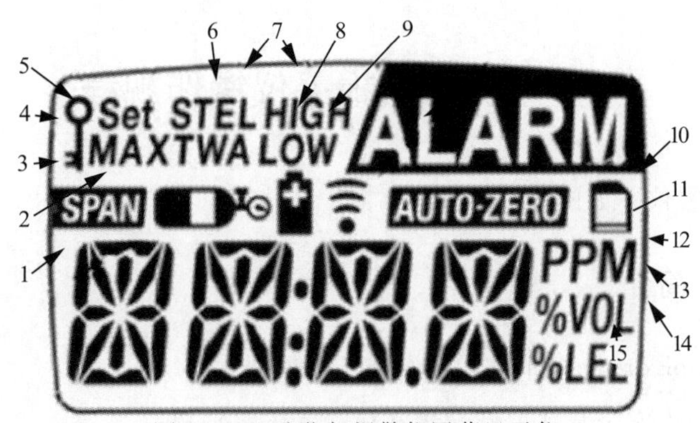

图 5－32　硫化氢报警仪屏幕显示仪

1—数值；2—气瓶；3—传感器量程校正；4—密码锁；5—设置警报设定值和选项；6—最高气体浓度；7—警报状况；8—电池；9—数据传输；10—警报和警报设定值；11—传感器自动归零显示；12—数据记录显示；13—万百分率（ppm）；14—体积百分率（% vol）；15—爆炸下限百分率（无）

（2）安全信息。

本产品是气体检测仪，并非测量装置。

①请于每天使用前进行自检；

②确保传感器网格没有沾上或有脏物；

③确保没有盖住传感器网格；

通过将检测仪置于超出警报设定值低位的一种目标气体集中处，定期检查传感器对气体的反应，以人手操作确认声音和视觉警报均已启动；

④不用的情况下，请关闭检测器。

5. 14. 3　操作步骤（图 5－33）

（1）启动检测仪器，请按◎检测仪器。通过自检后，便开始正常工作。要关闭检测仪器，请按◎ 5s。要启用或禁用置信嘟音，在启动时按住●，然后再按◎。

（2）要使显示值减少，请按▽。要是进入用户选项菜单，请按▽和△5s。要开始校准和设置警报设置，同时按▽和●。

（3）要使显示值增加，请按△。要查看 TWA、STEL 和最大气体浓度请同时按△和●。

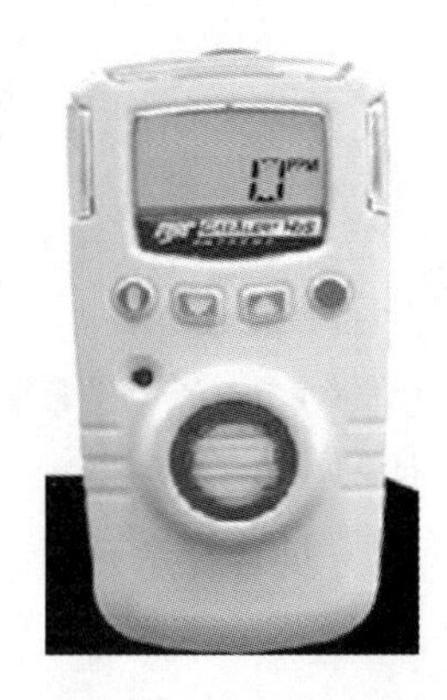

图 5－33　硫化氢报警仪显示面版

（4）要保存显示值，请按●。要清除 TWA、STEL 和最大气体浓度，请按住●6s。要确认收到锁定的警报，请按住●。

5.14.4　检测（图 5－34）

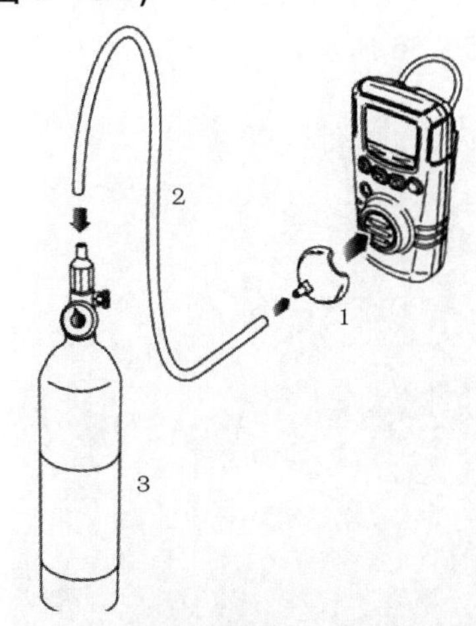

图 5－34　硫化氢报警仪检测示意图

1—连接端帽；2—软管；3—调节阀和气瓶

5.14.5　内部零部件（图 5－35）

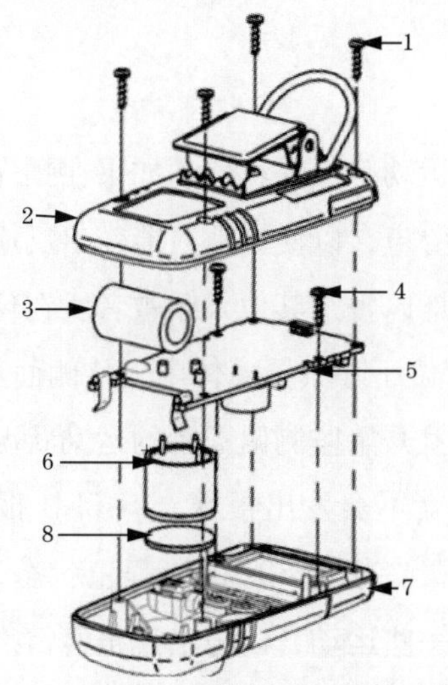

图 5－35　硫化氢报警仪内部部件示意图

1—检测仪后盖螺丝；2—检测仪后盖；3—电池主板螺丝；4—主板；5—主板；6—传感器；7—检测仪前盖；8—传感器护屏

5.15 消防员呼救器操作规程

消防员呼救器，如图 5 – 36 所示。

图 5 – 36 消防员呼救器

5.15.1 概 述

消防员呼救器是一种运动感应呼救器。如果在预先设定的时间内佩戴者无运动，它便会发出响亮的报警声，以便其他人能作出反应。另外，该呼救器还装置有闪光报警灯。报警灯闪烁以告知其他人佩戴者所在位置。闪光灯报警灯采用内置式 LED 发光管，发光管位于呼救器壳体内，从侧面正面都能看到。

一旦启动呼救器，它就开始监测佩戴者的运动状况，只要佩戴者保持轻度到中等运动强度，该呼救器就不会发出报警，但 LED 报警灯仍然闪烁，以指示呼救器一直在工作。如果佩戴者超过 30s 保持静止状态，呼救器会发出预报警声，这是在警告佩戴者必须做一些运动，以免出现报警情形。如果在预报警期间（约 15s），佩戴者还未运动，呼救器便进入报警状态，发出尖锐的报警声，并一直持续下来，直至手动复位，或者电池消耗完毕。在报警状态下，新电池的预计使用寿命约 5h。

该呼救器采用 9V 碱性电池。它由以下几部分组成：滑动开关，可启动报警或使报警复位；LED 指示呼救器的工作状态；感温报警功能（可选件），可预先设定检测的温度/时间报警值。

5.15.2　安装电池（图 5－37）

图 5－37　消防员呼救器安装电池示意图

（1）用螺丝刀将呼救器正面盖板上的螺丝旋松，移开盖板，然后装入电池。在更换电池时，应将呼救器完全关闭是十分重要的。请使用在电池仓内部标注的，制造商推荐的电池。

（2）装上电池盖板并旋紧螺钉，呼救器即可工作。

5.15.3　操作使用方法

（1）将呼救器扣在皮带上合适的位置。

①将呼救器背部的皮带扣向下推紧；

②将呼救器背部贴在皮带上；

③关上皮带扣，将其压紧直至紧锁在皮带上。

（2）移动滑动开关刀自动 AUTO 位置，此时呼救器发出一报警声。同时 LED 灯闪烁表明呼救器已经进入工作状态。

（3）站立不动大约 30s 后，呼救器发出预报警声音（重复的、低沉的）。移动呼救器可取消预报警状态。

（4）在 15s 钟后继续保持不动，直至出现报警声（重复的、响亮的）。取消该报警状态的唯一办法是滑动开关刀关闭“OFF”位置。

（5）呼救器具有手动报警操作功能。用力向下按并滑动开关到打开“ON”位置，即可打开该功能。滑动到关闭“OFF”位置关闭该功能。

（6）滑动开关到关闭“OFF”位置需用力向下按并滑动按钮。

（7）如果呼救器发出重复的短暂的声音（约 5s 一次），这表明电池电压太低，应更换新电池才能使用。

5.15.4 技术参数（表 5－9）

表 5－9 消防员呼救器的技术参数

尺　寸	2.3×2.0×3.8	质　量	165g（不含电池），210g（含电池）
频　率	2.6～3.0kHz	报警声音	3m 范围内超过 95dB
温　度	－25～＋55℃	LED 指示灯	每间隔约 0.3s 正面及两侧均发闪光
报警声	连续 3 响，逐渐变高	预报警声	2kHz 频率的间断报警声
相对湿度	＞99％	大气压力	86～106kPa
电池	9V 叠层碱性电池	电池寿命	约 5h（在报警状态下）
电　路	CMOS 电路，微处理器控制，功耗低	探　头	半固定探头
外壳	耐高温塑料，全封闭防水	电池欠压报警	每隔 5s 发出“嘀嘀”的声音

5.15.5 维修及储存

（1）呼救器外壳里面没有可进行维修的零件；

（2）打开外壳会影响呼救器的质量保证及基本安特性；

（3）为了保证呼救器的良好状态，可用湿布和肥皂水进行清洁，滑动开关可以用硅树脂润滑。不能使用溶剂型的清洁剂和在外壳上涂漆；

（4）被化学品或放射性材料污染的呼救器必须根据相关的标准净化和处置；

（5）在每次使用前，呼救器必须先进行完整的测试；

（6）如呼救器发生故障，请送回制造商维修；

（7）储存呼救器应放在干燥、通风的场所。

5.16　便携式正压空气呼吸器操作规程

便携式正压空气呼吸器，如图 5－38 所示。

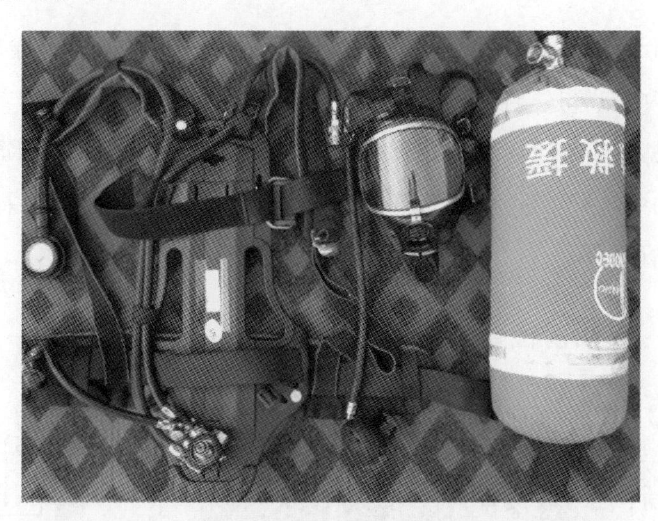

图 5－38　便携式正压空气呼吸器

5.16.1　用途

便携式正压式空气呼吸器是一种自给开放式呼吸器，主要适用于消防、化工、船舶、石油、冶炼、厂矿等，使消防员或抢险救护人员能够在充满浓烟毒气、蒸汽或缺氧的恶劣环境下进行安全灭火、抢险救灾和救护工作。

5.16.2　特　点

蒸压式空气呼吸器配有视野广阔、明亮、气密性良好的全面罩，供气系统气密性好，配有体积小，质量轻，稳定良好的供气阀；选用高强度碳复合（防静电）背板和安全系数较高的高压气瓶；减压阀装有报警系统，在气瓶压力达到4～6MPa时，向佩戴者发出撤离报警信号。

5.16.3 组　成

正压空气呼吸器由储存压缩空气的气瓶、支撑气瓶和减压阀的背托架、减压阀、面罩和安装面罩上的供气阀5部分组成。

5.16.4 工作原理

使用时打开气瓶阀，充装在气瓶内的高压空气经减压阀减压，输出0.7MPa的中压气体，经中压管送至供气阀。吸气时供气阀自动开启，供使用者吸气。呼气时，供气阀关闭，呼吸阀打开呼出体外。在一个呼吸循环过程中，面罩上的呼吸阀和口鼻罩上的单向阀门都为单方向开启，所以整个气流是沿着一个方向，构成一个完整的呼吸循环过程。

5.16.5 使用前检查（图5－39）

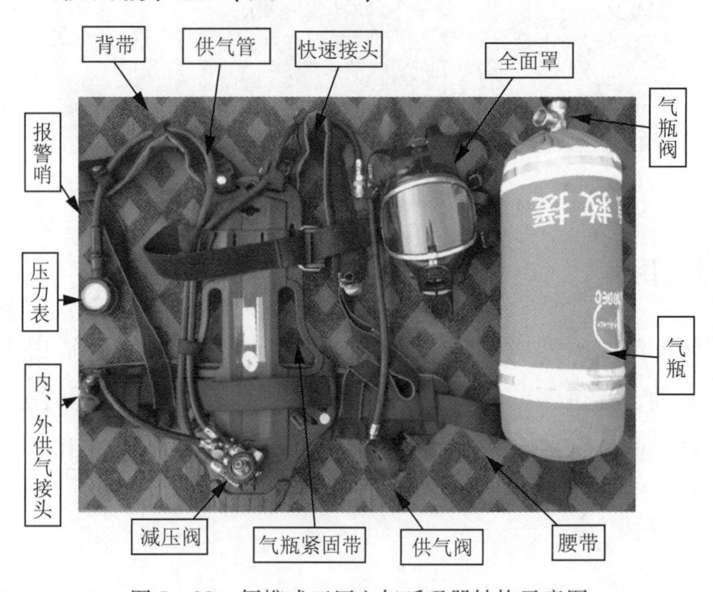

图5－39　便携式正压空气呼吸器结构示意图

（1）检查报警哨是否好用；

（2）检查供气系统是否有漏气现象及减压阀上的密封圈是否老化；

（3）检查面罩气密性（戴上面罩，用手捂住面罩下端，吸气检查气密性）；

（4）检查气瓶压力应在 28MPa 以上。

5.16.6　操作步骤（图 5-40）

（1）首先打开气瓶阀，将面罩上的脖带套在脖子上。一只手拖住面罩口鼻罩与脸部完全结合，另一只手将头带后拉罩住头部，然后收紧头带；

（2）两手插过肩带，抓住背托架，举过头顶，双手向上举，背托架就可以背上，拉紧肩带和固定好腰带（还可以从一侧背起空气呼吸器）；

（3）在使用过程中，应随时观察压力表的指示数值，当压力下降到 4~6MPa 时，报警器发出报警声，使用者应及时撤离现场。

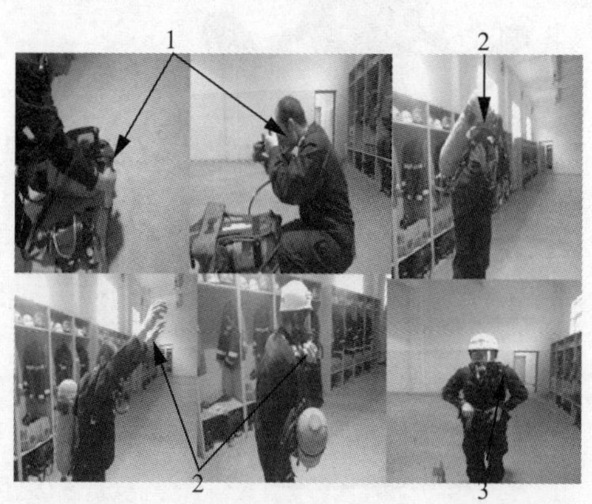

图 5-40　便携式正压空气呼吸器操作示意图

5.16.7　注意事项

（1）气瓶只能用纯净的空气，不能用氧气。呼吸器应有专人保管。应存放在通风、干燥的阴凉处；

（2）使用时，气瓶内气体不能全部用尽，应保留不小于 0.05MPa 的余压，满瓶时不允许曝晒；

（3）应定期用高压气吹洗，用乙醚擦洗一下减压器外壳和“O”形密封圈，如密封圈垫损坏老化应及时更换；

（4）空气呼吸器不使用时，全面罩在放置在保管箱内，全面罩存放时不能处于受压迫状态，储存在清洁、干燥的仓库内，不能受到阳光曝晒和有毒有害气体及灰尘的侵蚀；

（5）呼吸器从设计角度来说，不能用于水下；

（6）胡须、鬓角或戴眼镜会影响呼吸器面罩的密封性。

5.17 RHZY240 正压式消防氧气呼吸器操作规程

RHZY240 正压式消防氧气呼吸器，如图 5－41 所示。

图 5－41 RHZY240 正压式消防氧气呼吸器

5.17.1 产品特点

HY4 型隔绝式正压氧气呼吸器是重庆莱福公司最新研制开发的产品。它充分吸收了国内外先进技术特点，并结合我国煤矿现状，在产品结构设计上突出体现了体积小、质量轻、性能可靠、佩戴舒适、使用维护方便等优点。从而更加适合于在井下巷道窄小环境中救护队员实际使用的需要。产品报警方式为机械报警。

5.17.2　主要用途及使用范围

主要适用于煤矿、化工、隧道和高层建筑等在有毒、有害气体、缺氧的灾害环境抢险救灾、搜索探查工作中佩戴使用。

5.17.3　主要性能（表5－10）

表5－10　RHZY240正压式消防氧气呼吸器性能表

呼吸量	30L/min	呼气阻力	≤600Pa
吸气阻力	（0~600）Pa	定量供氧量	（1.4~1.6）L/min
自动补给供氧量	>80L/min	手动补给供氧量	>80L/min
吸气中二氧化碳浓度	<1%	自动补给阀（需求阀）开启压力	（10~245）Pa
吸气中氧气浓度	>21%	额定防护时间	4h
氧气瓶额定工作压力	20MPa	氧气瓶容积	2.4L
氧气储量	480L	填装氢氧化钙量	2.1kg
外形尺寸	560mm×370mm×160mm	质　量	10kg（不含氢氧化钙、氧气）

5.17.4　产品结构名称（图5－42）

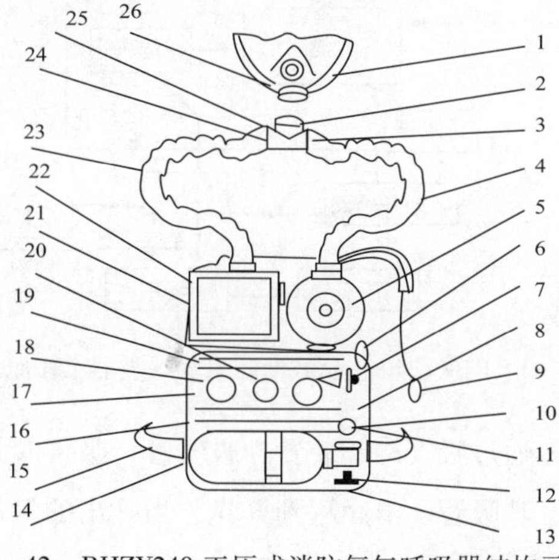

图5－42　RHZY240正压式消防氧气呼吸器结构示意图

1—面具；2—口具盖；3—吸气阀；4—吸气管；5—吸气冷却装置；6—报警器；7—需求阀；8—节流器；9—压力表；10—减压阀；11—安全阀；12—气瓶开关；13—氧气瓶；14—排水器；15—背具；16—气囊；17—横梁；18—正压弹簧；19—弹簧压板；20—排气阀；21—下壳；22—清净罐；23—呼吸管；24—呼吸阀；25—口具；26—面具连接管

根据呼吸器内各零部件所起的不同作用，我们将呼吸器分为 4 大系统。分别是壳体背带系统、供氧系统、呼吸循环系统、冷却系统。

5.17.5 工作原理（图 5－43）

当打开氧气瓶后，高压气体通过减压器减压变为中压气体。中压气体一路通过需求阀，另一路气体通过定量孔流入系统内。当人体处于中等劳动强度时，通过定量供氧来满足人体对氧气的需求。随着人体劳动强度增大，当期囊内压力达到需求阀开启压力时，弹簧压板接触需求阀，使需求阀开启，中压气体通过需求阀向气囊内充氧以满足人体对氧气的需求。系统内的正压形成，是依靠正压弹簧压板缩起囊及需求阀的有效供氧，使呼吸系统内始终保持正压。

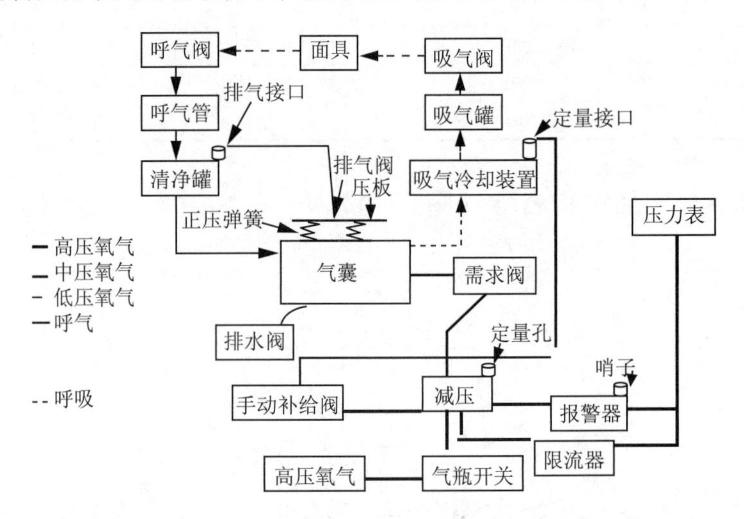

图 5－43 RHZY240 正压式消防氧气呼吸器工作原理图

气囊内的低压气体通过吸气冷却装置、吸气管、吸气阀到面罩；人从面罩呼出的气体通过呼气阀、呼吸管、清净罐到气囊；当呼出的气体逐渐增多时，正压弹簧压缩。同时弹簧压板位置逐渐上升。当呼吸系统内压力达到 400～700Pa 时，排气阀阀片被弹簧压板顶开。此时，排气阀开始排气；当人的呼吸量从 10～50L/min 的变化时，呼吸压力始终有需求阀、排气阀两者自动调节。

供氧有三路功能。即定量供氧、需求供氧、手动不给供氧。

5.17.6　操作前检查

在操作前首先检查各部件有没有老化和损坏，如图 5 - 44 所示。

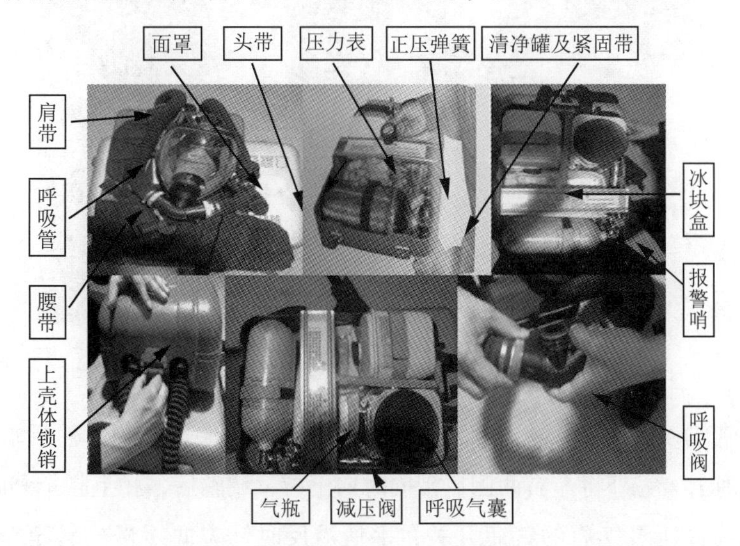

图 5 - 44　RHZY240 正压式消防氧气呼吸器使用前检查示意图

（1）准备气瓶内的压力应在 18 ~ 20MPa 之间；

（2）请在面罩的目镜内侧喷涂上防雾液，然后利用柔软的纱布或面巾纸擦匀，确认哈气不会产生雾状积水后佩戴；

（3）将呼吸器上外壳打开，取下吸气冷却装置的橡胶盖。把冰块放进冷却装置内，用手将盖四周压平；

（4）旋转呼气管螺母，把氢氧化钙装入清净罐内，再拧紧螺母即可，然后将上外壳扣合上。

5.17.7　操作步骤（图 5 - 45）

（1）将呼吸器本体的背带面朝上，呼吸管一侧靠近胸前。再将口具接口正确插入面罩接口（能听到清脆的卡簧到位声）；

（2）将脖带套在脖子里，一只手拖住面罩，另一只手将头带后拉罩住头部，然后收紧头带；

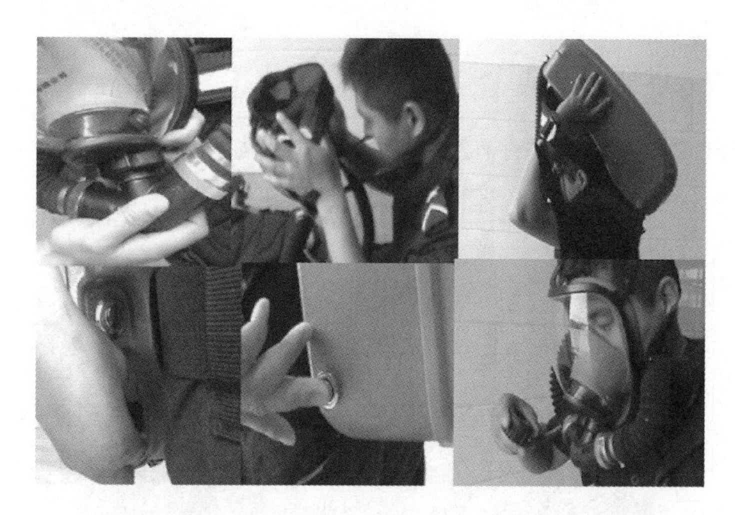

图 5－45 RHZY240 正压式消防氧气呼吸器操作步骤示意图

（3）将背带分到双手外侧，抓住呼吸器本体两侧，举过头顶，然后放置背部，背带落在肩上。另外将左右两侧肩带同时向下拉，调整后，扣上腰带和胸带；

（4）将高压氧气瓶的气瓶开关，手柄沿反时针方向缓慢旋转至全开状态。感觉呼吸量不够时，可以按动手动补给供氧按钮；

（5）在使用过程中，要经常观察压力表，压力达到 4～6MPa 时，操作者应撤离现场。

5.17.8 设备检测（图 5－46）

正压氧气呼吸器在检测的时候需要测 4 项指标：

（1）自动排气阀开启压力（排气）：400～700Pa。

检测方法：将呼吸器的呼吸两软管分别连接在检测仪的通气口和水柱压力计接口上。将气泵开关打开（拉出），变换阀调至正档（推入），开启电源，给系统内慢慢泵气，同时观察水柱压力计。等压力计水柱不

图 5－46 设备面版示意图

再上升时，读出压力值，即为排气值。

（2）自动补给阀开启压力（自补）：50～200Pa。

检测方法：进行完排气测试后，直接将变换阀调至负档（拉出），开始抽气，同时将氧气瓶打开，观察水柱压力计，待水柱不再下降，同时听到呼吸舱内有补气的声音时，读出压力值，即为自补值。

（3）检测流量：1.4～1.8L/min。

（4）整机气密性：1000Pa以上，一分钟不能下降30Pa。

检测方法：连接方法与（1）中相同，用专用的顶杆从呼吸器背面的孔中插入（顶住排气阀，避免排气）设置在正压泵气档开始泵气，待水柱上升到1000Pa时，迅速将气泵开关及电源关闭。待液面稳定后开始计时。观察1min，如下降不超过30Pa，即为合格。如有需要可通过气泵开关将水柱液面调整到某一定值。

安全注意事项如下：

（1）清净罐内装有氢氧化钙的呼吸器，其系统必须密闭。否则，由于吸收剂的失效，将会导致二氧化碳中毒事故。

（2）清净罐内所填装的氢氧化钙必须是经检验合格的产品，未使用时间不得超过3个月。若超过规定期限，在使用中会出现二氧化碳中毒事故。

（3）清净罐使用一次后必须重新填装氢氧化钙。即使佩戴时间很短，仍必须更换新的氢氧化钙。

（4）严禁在－10℃以下以及60℃以上的环境中使用。否则，将会损害呼吸器性能，导致人身事故的发生。

（5）严禁压力超过0.05MPa（表压）的环境中使用呼吸器。否则，在高气压情况下可能导致氧中毒事故。

（6）在氧气瓶充装以及其他操作环节中，严禁接触明火或被油脂污染。否则，将会导致燃烧等事故。

5.18 隔热服操作规程

隔热服（图5－47）系铝箔复合阻燃耐高温材料精制而成，是扑救辐射热较强的石油和气体等火灾的防护服。具有防辐射热效果好、质地柔软、重量轻、牢度强以及防水等特点。全套服装由头罩、上衣、背带裤、手套、护脚盖等组成。

5.18.1 技术性能

（1）热辐射反射率：能反射90%以上的辐射热。

（2）耐高温性能：接近300℃高温为1h以上，500℃高温为30min，瞬间接近最高温度1000℃，也能在辐射热通量为10W/cm^2（1000～1200℃）的场所进行抢险作业（W单位时间内1cm^{2}所能接受的热辐射能量10J）。

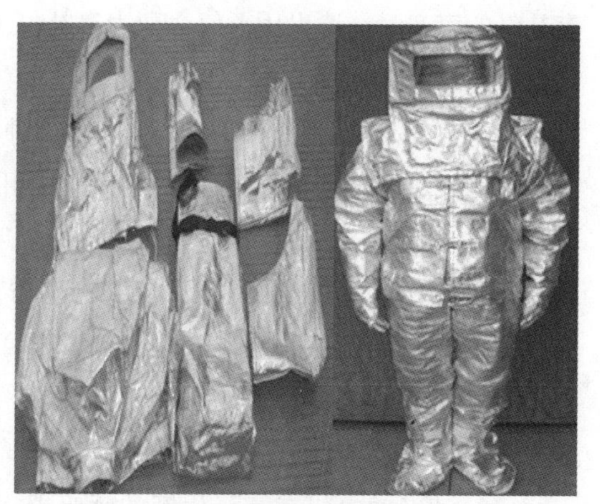

图5－47　隔热服

（3）隔热性能：在对人体很快造成二度烧伤的辐射热通量照射下，30s内织物背面表面温升不超过4.5℃。

（4）阻燃性能：损毁长度50mm，续燃时间不大于1s，阻燃时间不大于2s。

（5）撕破强力：经纬向大于45N（牛顿）。断裂强度大于600N。

（6）耐折性能：屈绕10000次，表面无裂纹、无分层现象。

（7）耐磨性能：经砂轮加压磨擦150次，铝箔不能磨穿。

（8）湿度老化性能：经－30～70℃置放72h，性能无明显变化。

（9）抗渗水性能大于4000Pa（0.4MPa）。

5.18.2 使用注意事项

防火隔热服虽然具有优良的阻燃性能，但不可能在所有条件下都能起到保护人的作用。在靠近火焰区作业时，必须佩戴呼吸器，应尽量避免使服装与火焰和融化的金属直接接触，在有化学和放射性伤害的条件下使用时必须配备相应的配件。

防火隔热服在使用前要认真检查有无破损。

进入作业现场必须配备完整、穿戴齐全。要扣紧所有封闭部位，保证服装密封性良好。

服装中配用的头罩可将原带钢盔同时保护在一起，使用时不需将钢盔摘下，头罩两端的固定带使用时通过两腋下挂于头罩面三角环上。

使用后，要用刷蘸中性洗涤剂液，刷洗表面残留污物，然后用清水冲洗干净，严禁用水浸泡和捶击。成套的防火隔热服必须保持干燥存放储存袋中，以备随时使用。

5.19　重型防化服操作规程

重型防化服，如图 4－48 所示。

图 5－48　重型防化服

5.19.1　用　途

消防防化服是消防员防护服装之一，它是消防员在有危险性化学物品和腐蚀性物质的火场和事故现场进行灭火战斗和抢险救援时，为保护自身免遭化学危险品或腐蚀性物质的侵害而穿着的防护服装。

5.19.2 主体胶布性能

①胶布厚度：0.45±0.05mm；

②拉伸强度：经纬向不小于450N/5cm；

③撕裂强度：不小于32N；

④防酸渗透性能：80% H_2SO_4，60% HNO_3

30% HCl 三种酸10mm液柱下1h不渗透；

⑤防碱渗透性能：6.1mol/LNaOH，10mm液柱下，1h不渗透；

⑥防汽油性能：在120#汽油浸泡30s，无裂纹，不发黏；

⑦阻燃性能：续燃时间不大于2s；

⑧阻燃时间：不大于10s；

⑨损毁长度：不大于10cm，且不得有熔滴；

⑩耐热老化性能：125℃×24h，不黏不脆；

⑪耐寒性能：-25℃×5min，折叠180°，无裂纹；

⑫胶层与织物黏合强度：不小于780N/m；

⑬靴底的耐刺穿性能：不小于780N；

⑭靴底的电绝缘性能：不小于5000V；

⑮靴的防水性能：浸水2h，不渗水；

⑯防化服抗水渗透性能：5只，3L/min水喷头冲刷15min，不渗透；

⑰整套服装的质量：不大于5kg，衣号S、M、L、XL；

⑱衣长（领口至靴底）（cm）160、166、171、177；

⑲胸宽（cm）55、56、57、58；

⑳腰围（cm）115、122、125、126；

㉑鞋码（cm）25、26、27、27；

㉒适合身高（cm）165~170、170~175、175~180、180~185。

5.19.3 操作步骤

先拉开服装的拉链，两脚伸进裤子内，将裤子提到腰部，穿好靴子，然后佩戴好空气呼吸器，戴面罩之前先打开气瓶开关，戴好安全帽，再将两臂伸进两袖，拉好拉链，穿戴完毕。

5.19.4　注意事项

（1）使用前必须检查服装有无破损，如有破损，严禁使用；

（2）不能在温度过高的环境中使用；

（3）不能在火中或电火化附近使用；

（4）也不能在具有潜在的爆炸危险的环境中使用；

（5）不具防火功能；

（6）消防防化服不得与火焰及熔化物直接接触；

（7）消防防化服在保存期间严禁受热及阳光照射，不许接触活性化学物质及各种油类。

5.20　油气田井口点火装置操作规程

油气田井口点火装置，如图 5－49 所示。

图 5－49　油气田井口点火装置

5.20.1　概　述

1. 用途

油气田井口点火装置主要用于点燃油气田井喷射出来的可燃液体和气体。

2. 特点

油气田井口点火装置使用胶状油料，用电打火，借火药气体压力喷出油料形成大面积的燃烧火柱，燃油落地后形成块状、有黏附性的、燃烧时间较长的油块，以引燃的可燃物质及气体。

5.20.2 主要参数（表 5－11）

表 5－11 油气田井口点火装置主要参数表

井口点火装置全重	约 75kg	油瓶组空重	3.6kg
喷火枪重	1.1kg	输油管质量	0.8kg
装油量	2×3.5＝7L	喷射次数（一次装填）	2 次
标尺射程	40～45m	最大射程（10°）	70m
使用温度	－40～50℃	电缆线长	100m
遥控电控室	300×200×50		
遥控电源	12V 电瓶 遥控方式、按钮式击发		

5.20.3 组 成

油气田井口点火系统装置是由井口点火装置、电控箱和电缆 3 部分组成。其中井口点火装置主要由油瓶组、软管、枪、可移动固定支架等部件组成。

5.20.4　构造名称（图 5 – 50）

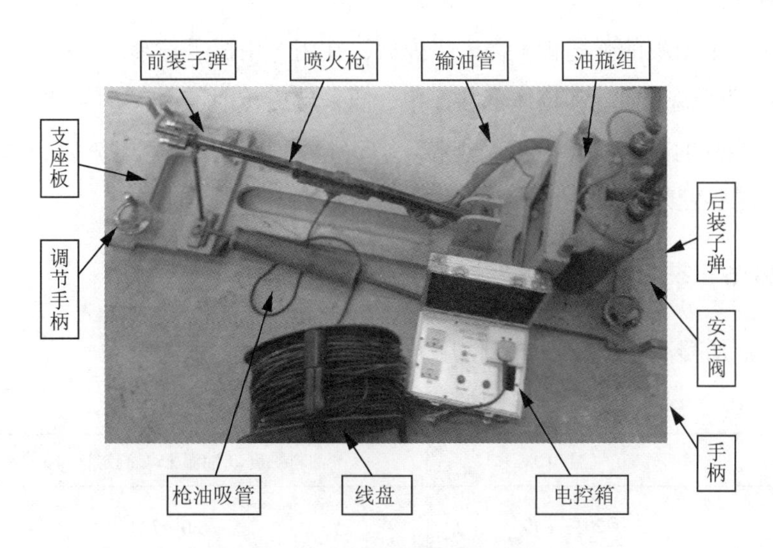

图 5 – 50　油气田井口点火装置结构示意图

5.20.5　操作步骤（图 5 – 51）

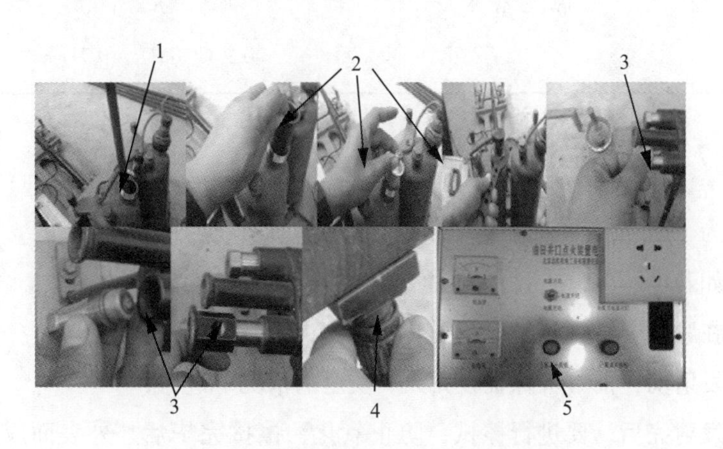

图 5 – 51　油气田井口点火装置操作示意图

（1）首先把点火装置摆放到合适的位置后，调整旋转手柄至四腿牢固接触地面，把油瓶组上的大螺帽拧下，拿出药室垫圈，用枪油吸管把枪油装入油瓶内，枪油装至2/3处即可；

（2）放入药室垫圈，然后安装弹药，在把油瓶上的大螺帽拧上，用专用扳手拧紧即可；

（3）拧下前端的弹药帽，装入子弹后，在用专用扳手拧紧即可；

（4）把线盘另一端和枪体下端连接，插入后旋转即可；

（5）线盘的另一端与电控箱连接，打开电源开关，观察电流表和电压表是否正常，需要发射时，按动一组发射按钮即可。

5.20.6 药剂的配置

用汽油加凝油粉调成。实际使用黏度见表5－12。

表5－12 油气田井口点火药剂配置参数

油　料	气温/℃	油料黏度（油温15℃测定）/Pa·s
汽油＋凝油粉	+20～±40	130～220
	0～+20	90～130
	-20～0	60～90
	-20～-40	40～60
		注：1P（泊）=0.1Pa·s

5.20.7 安全注意事项

（1）为了防止瓶内压力过高，不准把油料装满喷射；

（2）如若电压偏低，显示灯昏暗则需要给电池进行充电；

（3）在紧固套管螺母时，不得套管转动，以防导电线被卡断；

（4）发射前，前方应保证在无人、安全的情况下进行；

（5）发射完后，要进行擦拭，防止氧化，擦拭完毕后，外表面应涂一层薄机油，（塑料制件及电路部分禁止涂油），喷火器应保存在干燥、没有阳光直射和受热源辐射的地方，长期不用时，应装箱存放。

5.20.8　故障排除（表 5－13）

表 5－13　故障排除表

故　障	故障的原因	排除故障的方法
两瓶同时喷射	插座内的插簧片损坏，当插入插头时，将簧片压到根部与另外的插钉串通	修理或更换插座
装药或油料点火管未发火	1. 点火管电阻过大或“断路” 2. 接触体尖突出量过长或太短 3. 螺帽未拧紧，接触不良 4. 螺帽拧得太紧，造成点火管断路 5. 接触体与点火管之间、插头与插座之间过脏 6. 长线的弹性卡子与接触体柱接触不良 7. 点火管与管壳或与螺帽之间过脏接触不良 8. 组装药失效	1. 更换点火管 2. 修理、调整突出量 3. 拧紧螺帽 4. 适当拧紧更换点火管 5. 擦净 6. 检查后修理 7. 擦洗干净 8. 更换组装药
断续喷射或射程不足	1. 活塞不复位 2. 大螺帽漏气 3. 安全活门处漏气 4. 药室底部残渣过多，孔被堵或烧穿 5. 油料稀稠不均 6. 管道内有堵塞物 7. 油料装填过少 8. 组装药本身燃烧不完全	1. 检查、修理 2. 拧紧大螺帽 3. 拧紧螺帽或更换膜片 4. 清理或更换药室 5. 选用合适油料 6. 清理 7. 按标准装填 8. 用合适组装药
冷喷或半冷喷装药与油料点火管燃烧不同步	1. 油料点火管未发火 2. 使用油料黏度太大 3. 油料点火管套筒的传火孔径过大（大于 8mm），在冬季易出现半冷喷其中迟发火的电路电阻打	1. 更换 2. 选用合适油料 3. 更换点火管套筒
装药及油料点火管同时不发火	1. 电量不组 2. 电路短路	1. 充电 2. 修理

5.21 BAD216 多功能防爆摄像手电操作规程

BAD216 多功能防爆摄像手电，如图 5－52 所示。

图 5－52 BAD216 多功能防爆摄像手电

5.21.1 产品简介

本产品广泛适用于警察、消防、踏勘、电力、电网、石油、石化、化工、铁路等，既可以当电筒使用，又可以在不同场合拍照或图像声音实时摄录。可在各种易燃易爆场所工作。

5.21.2 技术参数（表 5－14）

表 5－14 BAD216 多功能防爆摄像手电技术参数表

额定电压	3.7V	额定容量	2Ah	连续工作时间	>3.5h
充电时间	<4h	摄像头像素	200 万	存储空间容量	8（16/32）
拍照图像分辨率	1600×1200/640×480		摄像图像分辨率	1280×720/640×480	

续表

<table>
<tr><td rowspan="3">光源</td><td>额定功率</td><td>1W</td><td rowspan="3">摄像时间</td><td>强光状态</td><td>≤200min</td></tr>
<tr><td>平均使用寿命</td><td>100000h</td><td>工作光状态</td><td>≤220min</td></tr>
<tr><td>色温</td><td>5000k</td><td>不开灯</td><td>≤250min</td></tr>
<tr><td>工作温度</td><td colspan="2">0~50℃</td><td>工作湿度</td><td colspan="2">15%~85%</td></tr>
<tr><td>电池使用寿命</td><td>约 1000h</td><td>防护等级</td><td>Ip65</td><td>质量</td><td>350g</td></tr>
</table>

5.21.3　操作步骤（图 5－53）

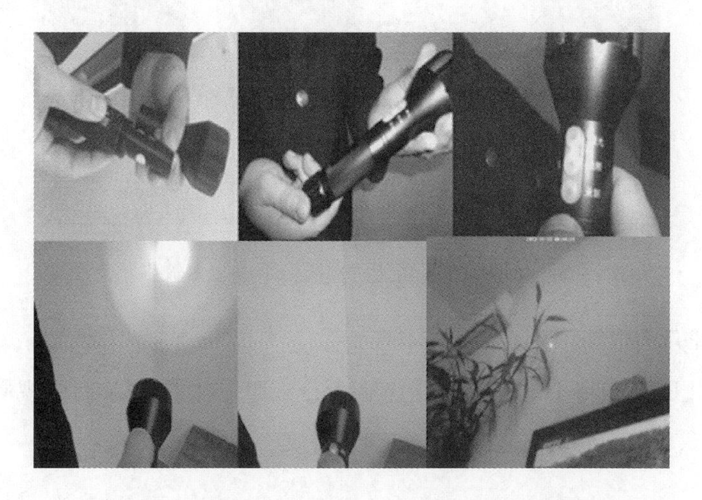

图 5－53　BAD216 多功能防爆摄像手电操作示意图

（1）首先安装电池后，再拧紧后盖；

（2）按调光键一次强光 LED 灯亮；第二次散光 LED 灯亮；第三次激光灯打开；第四次 LED 灯灭。长按调光键 2s，主灯开启 SOS 闪烁功能；

（3）长按拍照键 3s，黄灯长亮（内置）；进入拍照或录像待机状态，按一下拍照键，拍摄一张相片；按一下录制键，黄灯闪烁，表示正在摄像，再按一下录制键，停止摄像，长按拍照键 3s，拍照及摄像功能关闭；

（4）远距离录制时，建议开启强光 LED 灯，夜间近距离录制时，建议开启散光 LED 灯，如需定位，建议打开激光。

5.21.4 数据输出（图5－54）

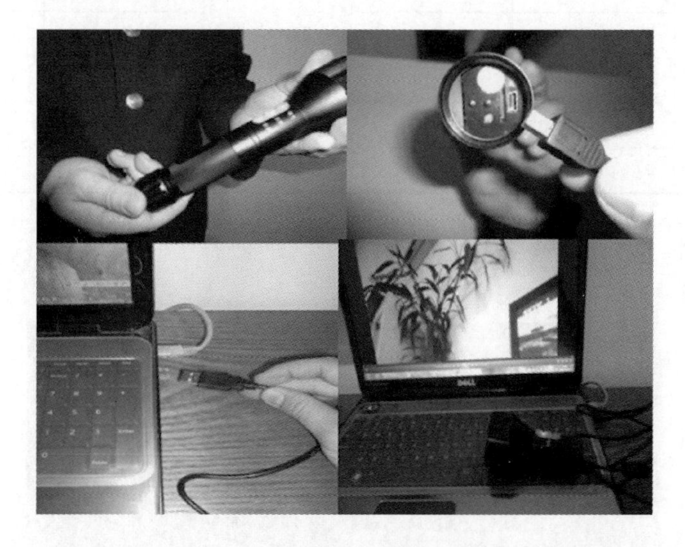

图5－54 BAD216多功能防爆摄像手电数据输出示意图

（1）拧开手电筒手柄；

（2）用USB线将手电筒连接在电脑上，在电脑上播放录制的视频的文件或qui出TF卡，插上读卡器，再用电脑打开播放。

5.21.5 注意事项

（1）首次使用灯具时请充满电，每次使用后请及时充电；

（2）灯具严禁撞击、抛甩、若不慎灯具掉进水里及时取出擦干即可；

（3）切勿随意将灯光直接照射眼睛，因强光可能使人眼受害。

第6章 堵漏类

6.1 SAVA 捆绑包扎带安全使用操作规程

SAVA 捆绑包扎带，如图 6－1 所示。

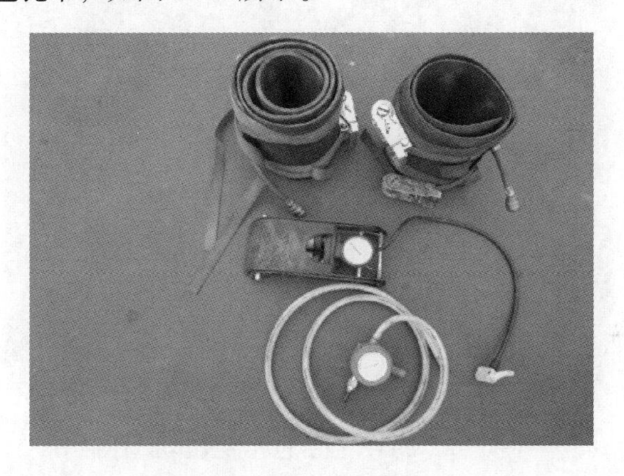

图 6－1 SAVA 捆绑包扎带

6.1.1 规格型号（表 6－1）

表 6－1 SAVA 捆绑包扎带规格

型号	规格			使用范围	密封压力	产品质量
	长度	宽度	高度			
	mm	mm	mm	mm	bar	kg
SB1	250	125	14	50	1.5	1.0
SB2	650	450	14	100	1.5	4.8
SB3	800	250	14	150	1.5	3.4
SB4	1100	450	14	250	1.5	7.2
SB5	1300	450	14	300	1.5	8.2

6.1.2 使用前注意事项

（1）使用刻度精确的压力表，充气压力不超过1.5bar；

（2）捆绑包扎带与包扎带配套使用，为确保充气安全，选择足够长度的充气管；

（3）清洗时，不要使用强酸强碱洗消剂或任何尖利的东西。

6.1.3 操作步骤（图6－2）

图6－2 SAVA捆绑包扎带操作示意图

（1）准备捆绑包扎带和包扎带。正确放置包扎带的位置，使其穿过SB小孔；

（2）用包扎带固定捆绑包扎带；

①把堵漏盘放在损坏的物体上。

②将捆绑包扎带放在堵漏盘上，若不使用堵漏盘，请直接把捆绑包扎带放在损坏的物体上。

③通常捆绑包扎带光滑的一面放在被损坏的物体或堵漏盘上。

④用棘齿带或收缩带固定好捆绑包扎带，使其紧贴管道或容器。

（3）给捆绑包扎带充气；

①通过控制器将充气管和供气源连接。关掉控制器的控制阀门。

②打开控制器上的阀门，给捆绑包扎带充气。并检查压力表上的工作压力。

③在指定压力 1.5bar 下给捆绑包扎带充气。

（4）拆卸捆绑包扎带。

①使用后，打开控制器上的安全阀，给捆绑包扎带泄气。

②取下紧固带。

③每次使用之后都要清洗捆绑包扎带。油渍会导致捆绑包扎带的滑落，脏物会堵住气管的接口。如果接口里面充满污垢，请用一根细线把污垢移出。

④用硬毛刷子把捆绑包扎带表面的污垢刷掉。且要多方向移到刷子。严禁使用尖利的东西去垢。当完全去除黏着的污垢，用温和的清洗剂和温水，刷去表面残留的污点。

⑤再用干净的冷水冲洗捆绑包扎带。强水流会冲掉剩余的污垢及清洗剂，把捆绑包扎带竖起，用干布擦干快速接口，让捆绑包扎带在空气中晾干。严禁把捆绑包扎带放在干燥机。或热源附近加速烘干。

6.1.4　使用时注意事项

（1）使用捆绑包扎带时，请注意个人保护。工作时，消防员和救援队需佩戴保护装备，其他使用者应佩戴保护头盔，手套及保护设备等；

（2）捆绑包扎带的存储和运输是非常重要的。运输时充气口应朝上放置，避免因袋子滑落造成损坏。捆绑包扎带较大较重时，应 2 人共同搬运。当水平存储或运输时，为避免损坏，充气阀应向前放置；

（3）捆绑包扎带不宜在 80℃ 以上的物体表面操作；

（4）尽管捆绑包扎带的摆放、充气都非常简单，但在黑暗环境中使用仍较危险。因此，使用时要确保光线充足，严禁在黑暗或阴暗情况下操作。

6.1.5　维护与保养

捆绑包扎带的保养和维护不仅限于每次使用后的清洗。存储期间也要进行定期检查和维护。

（1）捆绑包扎带比较干燥时，彻底细致检查污垢相互是否有气泡、断裂或破坏等。如果有破坏，用粉笔作出记号，并向制造厂家或指定代理商询问意见。

（2）检查快速接口有无损坏，如有必要，请更换一个快速接口。

（3）如果捆绑包扎带在垂直方向，快速接口应该面对用户。这样运输时，为避免损坏用户可以用手保护快速接口。

（4）如果是水平放置的，快速接口也应该面对用户，以避免在频繁使用及放置过程中快速接口碰到墙等物体而造成损坏。

（5）把捆绑包扎带存放在温度5～20℃的阴暗干燥处。

（6）若适当处理、存储，捆绑包扎带及其充气系统发生错误的概率会降低。请定期检查捆绑包扎带及其部件，如有必要，请定期用柔软的布来清洁并包扎金属部件。如发现任何影响安全操作的损坏，请作出标记并联系厂家或最近的代理商。

6.2 磁压式堵漏工具使用操作规程

磁压式堵漏工具，如图6－3所示。

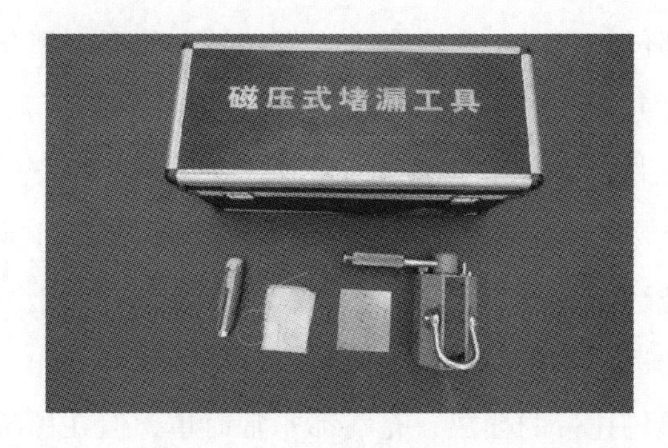

图6－3 磁压式堵漏工具

6.2.1 描 述

本套工具的适用压力≥1.8MPa，温度≤80℃。本套工具适用于各种大型管道、槽车、立卧罐等储运设备的堵漏，以及各类罐体和管道表面点状、线状泄漏的作业，使用方便快捷。

6.2.2　操作步骤（图 6－4）

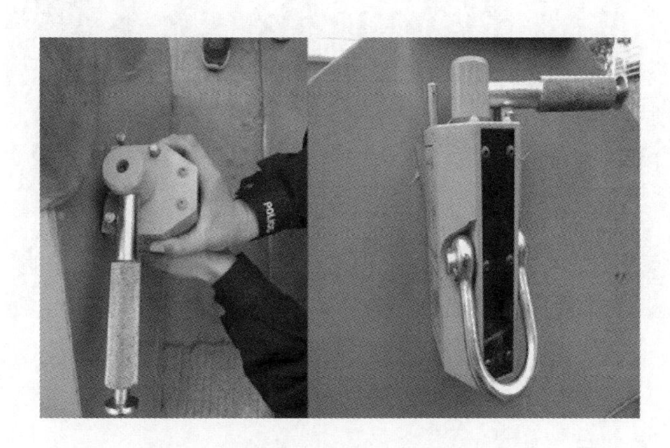

图 6－4　磁压式堵漏工具操作示意图

（1）打开工具箱，拿出磁压堵漏器；

（2）磁压片配合快速修补胶棒，安放于漏点位置；

（3）双手握住手柄，将磁压堵漏器对准泄漏点，然后将磁力开关向上同时板动，打开磁力开关，利用正负极转换，产生磁场吸附于罐壁；

（4）等待 1～2min 后，确定吸附牢固后，双手放开即可。

6.2.3　注意事项

（1）使用器材时，要轻拿轻放，防止损坏器材；

（2）在使用时，温度必须≤80℃；否则磁场不产生吸附磁力；

（3）调节磁压堵漏片的弧度必须与罐壁弧度一致，堵漏效果更加有效；

（4）操作人员按需要穿戴好个人防护装备。

高压强磁堵漏装置用于危险化学品叉车泄漏事故的堵漏，全套设备分为 3 种：弧形、平顶和缝隙的堵漏。

6.3　金属封堵套管使用使用操作规程

金属封堵套管，如图 6－5 所示。

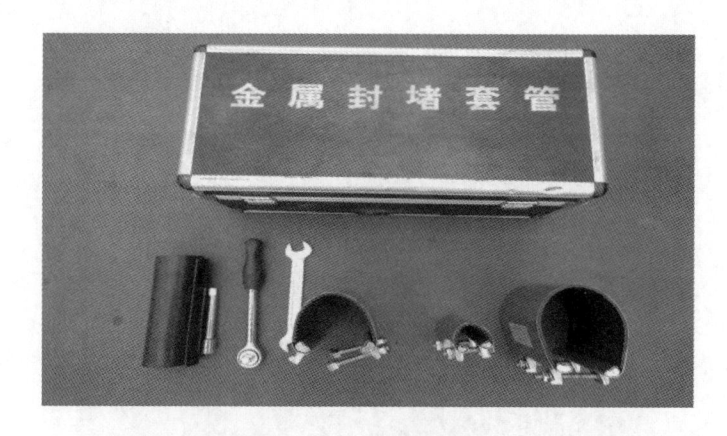

图6－5　金属封堵套管

6.3.1　特　点

金属封堵套管适用于各种管材，可连接材质不同、轴向不同、直径不同的管道，适用于快速抢修。管端头无须处理，即可连接，薄壁、厚壁管均可使用，安装快捷，方法简便；轻便、节省空间；易安装，甚至在狭窄的空间也可安装。

6.3.2　产品说明

（1）使用管道直径12～100mm；

（2）堵漏压力2～5kg；

（3）耐老化、耐油、耐弱酸弱碱，使用温度－20～＋100℃；

（4）用途：油、水、天然气、管线。

6.3.3　操作步骤（图6－6）

（1）清理管道漏点周围的锈斑及附着物，管道表面尽量光滑、平整；

（2）根据堵漏管道直经，确定选用堵漏管型号；

（3）在管道上涂上适量的黄油或滑石粉做润滑剂；

（4）以漏点为中心，将堵漏套管包裹于管道上，同时一边用本锤轻轻敲打外壳，一边均匀渐进地上紧螺栓；

（5）当套管偏大时，可在管内衬胶皮，使套管与管道紧密配合。

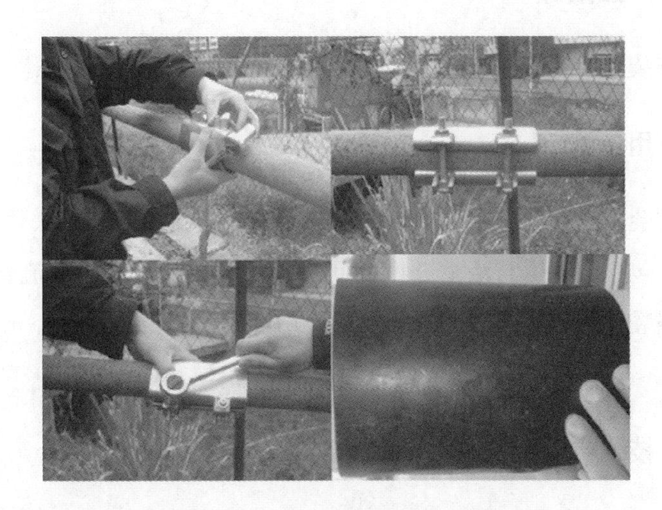

图 6－6　金属封堵套管操作示意图

6.4　气动法兰堵漏袋使用操作规程

气动法兰堵漏袋，如图 6－7 所示。

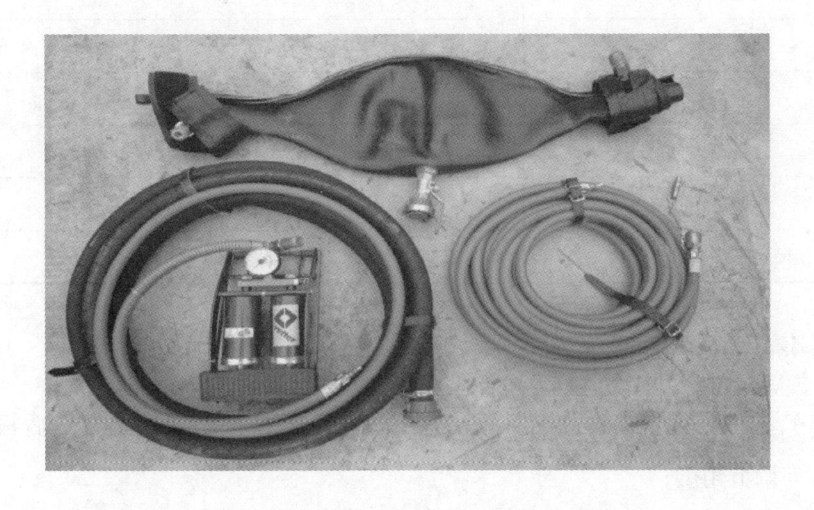

图 6－7　气动法兰堵漏袋

6.4.1 产品描述

法兰泄漏袋 1 个、10m 充气管 1 条、减压阀 1 个、拍流管 1 条。

6.4.2 用　途

法兰经常会出现泄露，常规的堵漏密封袋不能密封法兰。此法兰式堵漏带可罩在法兰上，包裹住管道与法兰并密封起来，危险液体可通过引流管进行导出。气动法兰堵漏袋仅能使用压缩空气，严禁使用可燃气、烈性气等。充气使用原装威特装置。

6.4.3 技术参数（表 6－2）

表 6－2　气动法兰堵漏袋技术参数表

尺寸，表面（直径）	21cm
长　度	90cm
工作压力	1.5bar
检测压力	1.95bar
密封压力	1.06bar
容量	0.5L
所需空气	1.25L
充气时间	30s
质　量	2kg
尺寸（长×宽×高）	100cm×30cm×30cm

6.4.4 使用方法（图 6－8）

（1）把法兰堵漏袋放置到所要堵漏的管道上，拉上防水拉链，然后根据泄漏的方向调节角度；

（2）将堵漏袋两头绑在管道的两端，并绑紧；拿脚泵、加接管分别连接到

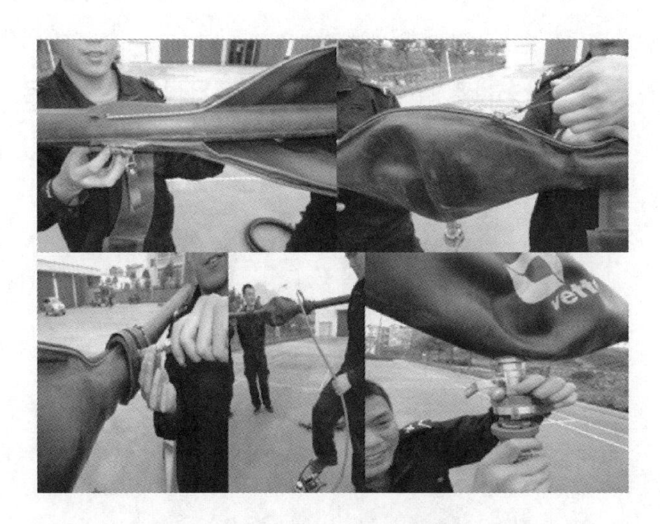

图6-8　气动法兰堵漏袋操作示意图

堵漏袋两端，然后充气；

（3）再把排流管（黑）加接到堵漏袋的中间引流阀上，打开引流阀，此时就能达到引流的效果了。

6.4.5　爆炸危险

安全状态下，气动法兰堵漏袋的套管压力应为最大值。鉴于其材料的扩张特性，在无压，甚至压力小于1.5bar时，气动法兰堵漏袋的套管都可能发生爆炸。

泄露出的可燃气体及液体必须与金属物或金属置隔离。金属物摩擦擦出的火花会引起爆炸。

6.4.6　注意事项

（1）工作时，请穿戴好劳保防护用品；

（2）使用前，仔细检查是否存在可燃物；

（3）使用前后，仔细检查气动法兰堵漏袋及其配件以确保其处于良好工作状态。

注意：当球阀关闭时，在一定情况下，由于管道压力，可能会产生高压。产生高压，请立即泄压。

6.5　外封堵漏、排流袋使用操作规程

外封堵漏、排流袋，如图6－9所示。

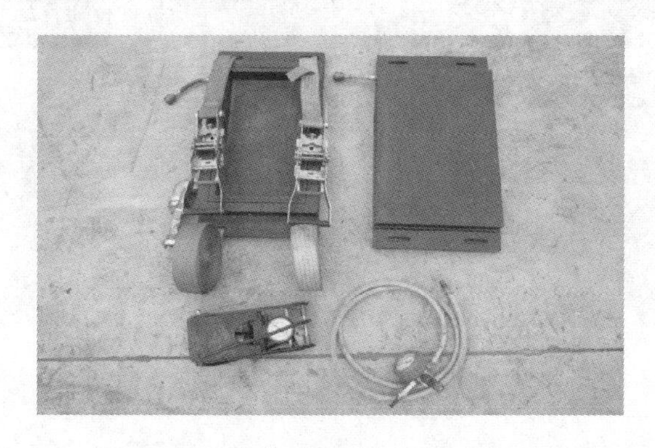

图6－9　外封堵漏、排流袋

6.5.1　配　置

密封袋2个、紧固带4个、脚泵1个、排流管1个。

6.5.2　用途及介绍

对油罐车、液柜车、储存罐与其他大型容器的缝隙进行密封。剧毒性或易爆液体必须立即就地加以排流，防止对人体与环境造成危害。

5bar堵漏排流袋不仅能密封裂缝，其排流方式也方便操作，可用普通手泵或脚泵充气，适用于100cm以上的油罐车等。

6.5.3　操作步骤

（1）将2条拉力带穿在堵漏袋上，排流接头装在排流扣上，同时将排流管连接好；

（2）然后把堵漏袋放置在所需堵漏位置上，拉力带拉紧；

（3）连接管与堵漏袋，连接管另一头与脚泵连接；

（4）踩踏脚泵，堵漏袋鼓起；

（5）此时，将排流的废水从排流管内排出来，达到堵漏目的。

注意：不要使用强酸强碱清洗剂或任何尖利的东西。

6.6　小孔堵漏工具使用操作规程

小孔堵漏工具，如图 6－10 所示。

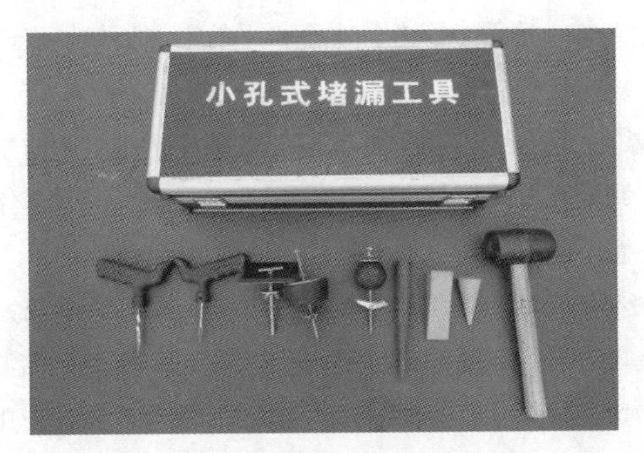

图 6－10　小孔堵漏工具

6.6.1　堵漏对象

该设备主要针对罐体上的裂缝、孔洞，对于因罐体表面腐蚀而导致的泄露堵漏同样有效。

6.6.2　堵漏方法

操作前须确认泄露物质不与工具箱内任何工具发生反应。补漏期间必须采取防护措施。

（1）球形堵塞：适用于球形裂口的漏洞。将“V”形头插入漏洞，抓住另一端并且使球紧紧的与漏洞接触，拧紧“V”形螺母直到最大限度的堵住漏洞为止。

（2）锥形堵塞：适用于扁平表面漏洞的堵漏。使用方法同球形堵塞。

（3）弓体方形堵件（T 形堵件）：适用于破裂的或不规则的漏洞。使用方法同球形堵塞。

（4）堵钉：适用于针形圆洞等漏洞。将堵针旋转插入漏洞，直到漏液停止外流为止。

（5）丝状堵垫：适用于较窄小的裂逢。用螺丝刀等尖工具将堵垫一点点塞进裂缝，等丝状堵垫能固定在裂缝中后，继续塞入直到堵死裂缝为止。塞的越紧堵的越紧（配合胶水使用）。如果用此方法不见效，就换用其他的方法。

（6）应急裹扎带：适用于管内、软管和小的漏洞。如果表面干燥，堵漏效果更好。

（7）橡胶堵条：适用于弯头外的漏洞。先撕掉堵条上的防尘纸，将堵条别在钩上，然后将别针塞进漏洞内（不要全部），再让别钩转动1/4圈后，轻轻地将别钩拢出，注意不要将堵条带出。

（8）木质堵塞和垫圈：先将堵垫放置在漏洞上，然后用较大的木质堵塞连堵垫一起用力楔入漏洞，堵垫和木质堵塞遇液体膨胀即可达到堵漏目的。堵漏过程中不要将堵垫切破。为了防止木补丁和垫圈遇水膨胀变形，使用时将其保持干燥状态。

6.7 小孔堵漏枪使用操作规程

小孔堵漏枪，如图6-11所示。

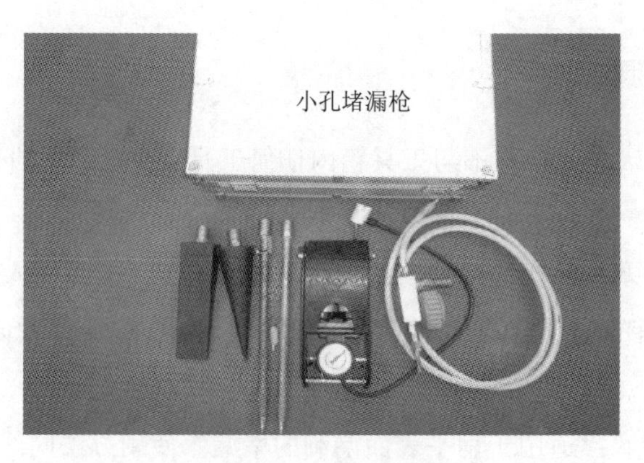

图6-11　小孔堵漏枪

6.7.1　配　置

小孔堵漏枪包括4根密封枪杆、4个堵漏袋、1个脚泵、1个截流器、1个手提箱。

6.7.2　用　途

小孔堵漏枪用于单人迅速密封油罐车，液柜车或储存罐的裂缝，不需拉伸带。

6.7.3　优点

（1）能单人快速密封储存罐、液柜车、储存罐等裂缝；

（2）密封速度快、体积小、轻便；

（3）需气量小，只需用脚泵充气；

（4）用高柔性材料制成，有防滑齿轮。

6.7.4　使用方法（图6－12）

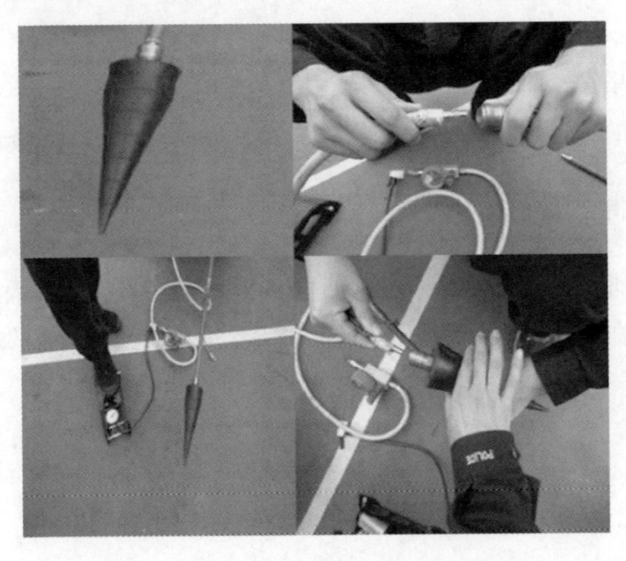

图6－12　小孔堵漏枪操作流程图

（1）首先，根据所需堵漏孔径大小选择堵漏袋；

（2）然后把枪杆接上（按情况是否加长）；

（3）把截流器套在枪头上（为了防止液体喷溅），再装上所需堵漏袋；

（4）最后脚泵与枪杆连接，踩踏脚泵使堵漏袋鼓起达到堵漏目的。

6.8 捆绑式堵漏工具使用操作规程

捆绑式堵漏工具，如图6－13所示。

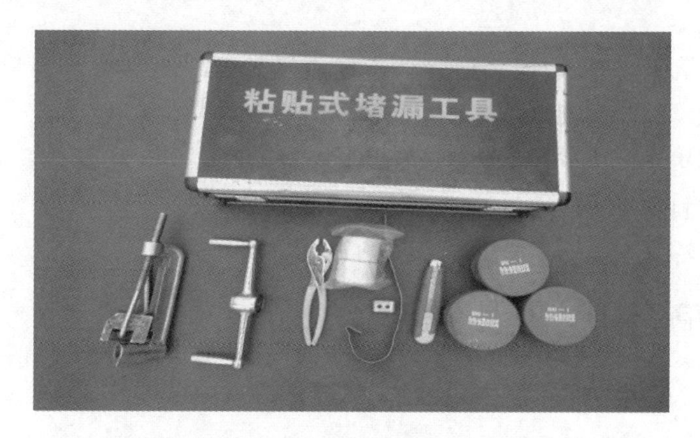

图6－13 捆绑式堵漏工具

该套工具用钢带捆扎机在现场快速堵漏。它替代和简化了注胶堵漏的一些程序，在压力低的场合可以充分因地制宜，机动灵活地完成堵漏任务。

6.8.1 特 点

钢带捆扎机最主要的特点是具有强有力的扎紧力，其使用方法为：将捆扎带穿入带扣，绕在被捆物件上，将钢带端部向下弯折，如获得较大的捆扎力可将钢带再绕一圈。

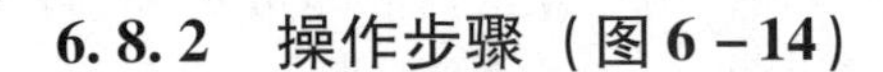

6.8.2　操作步骤（图 6－14）

图 6－14　捆绑式堵漏工具使用操作示意图

（1）将钢带穿过捆扎机的前端夹缝，并放入滑块弧状夹缝，用大拇指掀下压脚。旋转大手柄，由于自锁此时可放开拇指，直至钢带拉紧；

（2）用内六角扳手旋紧带扣紧定螺丝，将钢带压紧；

（3）扳动刀手柄，切断捆扎钢带。用拇指弯折钢端部，并取下捆扎机。

6.8.3　三通部位的堵漏方式

三通部位的钢带捆扎堵漏一般有 4 种堵漏方式。

（1）捆扎与在直管捆扎堵漏方式一样，做一弧形板，衬入数层胶粘带，在三通左右各扎一条钢带。

（2）斜拉式。主要是封堵三通焊口处的泄漏，先把一个挡铁（可用螺母）捆扎住，泄漏处用石棉盘根或胶粘布捆扎，然后再捆扎斜拉钢带。捆扎中用手锤轻轻敲击盘根填料处，边敲边扎，直至扎紧不漏。

（3）用于封堵三通马耳正面焊口处的泄漏，用一根较长的扁铁，压住下部的石棉垫片（涂密封胶），立管上布置两条钢带，注意下钢带要尽量贴近水平管。

（4）此为异径三通，立管根部焊口处泄漏，用一方铁，下部切成45°斜面，放置石棉盘根，用两条钢带捆扎，把填料压实堵漏。

（5）弯头处捆扎堵漏。为了保证弯头处钢带捆扎的效果，应做一条曲率与泄漏管一样的铁板，在铁板内衬贴上胶粘石棉布两层，放到泄漏处，然后捆扎3条钢带，如果漏点较小，则可只扎一条钢带。

6.9 注入式堵漏工具使用操作规程

注入式堵漏工具，如图6－15所示。

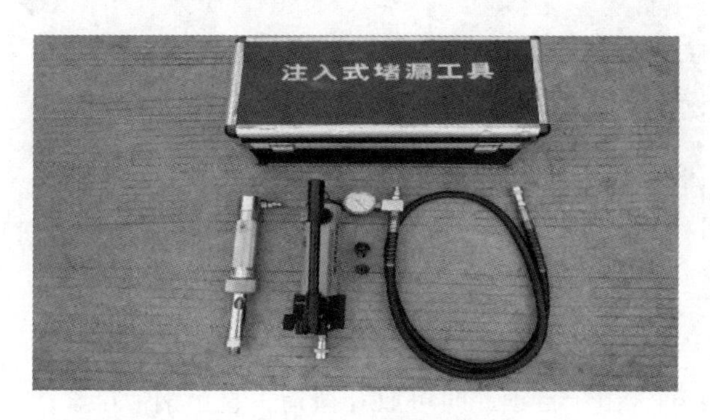

图6－15 注入式堵漏工具

注入式堵漏枪主要由枪体、注胶筒及液压泵3部分组成。

6.9.1 主要参数（表6－3）

表6－3 注入式堵漏工具主要参数表

液压油泵技术参数	额定压力	63MPa	流　量	2.3mL/次
	储油量	0.7L	外形尺寸	350mm×175mm×高170mm
	质量	2.2kg		
枪体、注胶筒技术参数	额定压力	<60MPa	自动速度	<8s/次
	注胶筒直径	Φ18或Φ24mm	外型尺寸	390mm×90mm
	质　量	2.6kg		

6.9.2　操作步骤（图 6－16）

（1）用高压油管连接注胶枪和油泵，拧开油泵气盖，打开油泵把手定位销；

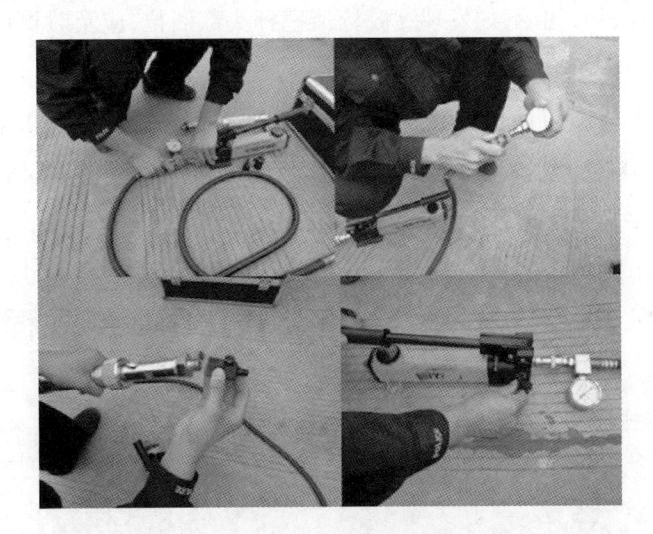

图 6－16　注入式堵漏工具操作示意图

（2）注胶枪主要通过压动油泵手柄，注胶枪的活塞杆挤压胶棒完成注胶；

（3）上下压动油泵的手柄，观察压力表，当压力不再回落时，说明一次注胶已完毕；

（4）拧开截止阀，注胶活塞杆复位。重复以上（2）～（4）步骤，进行重复注胶；

（5）停止注胶后，拧紧通气盖和截止阀，以防漏油；

（6）油泵手柄扣上定位销；

（7）拆下高压油管，清洁注胶筒，清除余胶，装箱保存。

6.9.3　注意事项

（1）橡胶类胶棒使用时表面应涂少许润滑油，以便枪筒润滑；

（2）枪膛承受压力 < 60MPa，工作压力不能超过 60MPa，以免损坏胶枪压力及手动油泵承压件；

(3)每次注胶须将枪膛内余胶彻底注完后,方可加胶棒进行再次注泵,以免造成枪膛和活塞杆变形;

(4)使用完毕,必须及时清除枪膛内残胶。清洁后上油保护;

(5)使用一段时间后,如发现注胶枪活塞杆头部回位,应及时更换注胶活塞杆头上的密封片;

(6)如出现枪膛漏油,可用专用扳手,拧开活塞杆密封盖,拔出活塞杆,更换“O”型圈(务请注意:切不可拆去活塞杆头部定位销,以免零件弹出伤人);

(7)操作中必须穿戴齐全个人防护用品。

6.10 气动吸盘式堵漏器使用操作规程

气动吸盘式堵漏器,如图6-17所示。

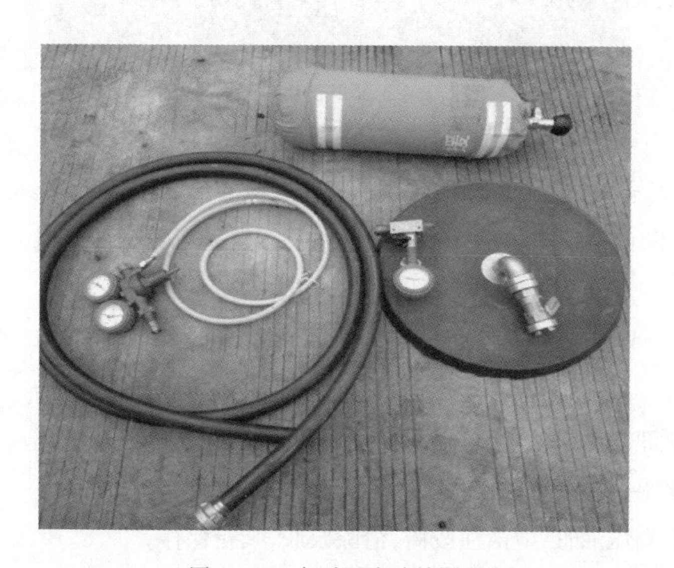

图6-17 气动吸盘式堵漏器

6.10.1 配 置

该设备由堵漏吸盘、排流管(黑)、排流阀、连接管、减压器组成。

6.10.2　用　途

该设备用于油罐车、液柜车、大型容器与储油罐等。

6.10.3　特点及优点

无须任何拉伸带，圆形密封软垫对泄露部位用真空密封的时候，通过排流箱排流液体。

(1)密封并有目的地通过排流箱将危险物质排流出来；

(2)圆形设计，直径 200mm，能取得最佳的排流效果；

(3)真空喷嘴小而结实；

(4)优质钢连接器。

6.10.4　使用方法

(1)将排流阀、排流管、吸盘垫分别连接好；

(2)减压气与空呼气瓶相连接，再将另一端管线连接到吸盘上，把引流管接好即可；

(3)然后把吸盘放置在所堵漏的地方，周围要密封好，打开气瓶开关，利用减压阀把压力调整到 5bar，再打开吸盘上的开关，这样才开始工作；

(4)需要排流的情况下，打开排流阀即可。

6.10.5　注意事项

清洗时，不要使用强酸强碱清洗剂或任何尖利的东西。

6.11　SAVA 内封堵漏气袋操作规程

SAVA 内封堵漏气袋，如图 6 - 18 所示。

图 6－18 SAVA 内封堵漏气袋

6.11.1 描 述

SAVA 内封堵漏气袋扩充性与构造极佳，用于堵塞 10～150cm 直径圆形管道（包括非标准管道）。

6.11.2 操作步骤（图 6－19）

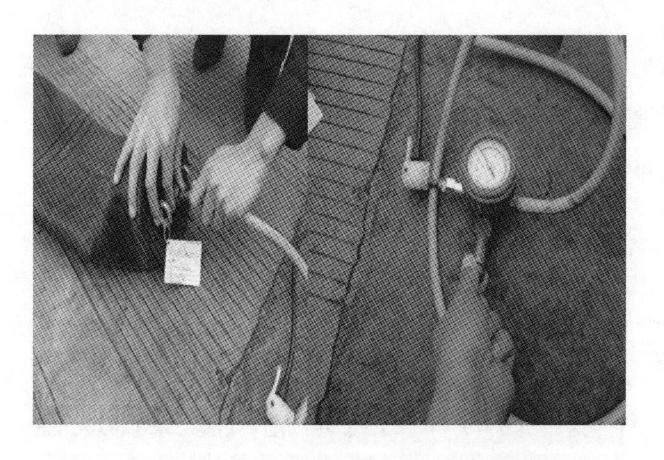

图 6－19 SAVA 内封堵漏气袋操作示意图

（1）用尺子测量出破损管道的直径，根据管道直径选择相应尺寸的内封堵漏气袋。例如，测出管道直径为 12cm，则应选择内封堵漏气袋 10～20cm。内封堵漏气袋型号 10～20，20～40 等中，前一个数字表示适用管道的最小直径，后一个数字表示适用管道的最大直径。

(2)检查内封堵漏气袋的完整性,请确保所用的内封堵漏气袋没有损坏。

(3)把内封堵漏气袋放入排水管,可以借助辅助工具来进行。确保在充气前内封堵漏气袋没有外露在排水管外面,同时内封堵漏气袋中央应该对准管道的破损位置。

(4)连接充气管,单控器,供气源(气瓶或脚泵),在充气过程中,请注意压力表,压力不超过负载205bar/105bar,请参见具体所购买的内封堵漏气垫的承受压力。

(5)内封堵漏气袋通过膨胀堵住管道破损,此时停止充气,断开内封堵漏气袋与充气管,单控器,供气源的连接。